发现昆虫之美 ②

自然的精灵

中国昆虫学会◎编

長江出版傳媒
湖北科学技术出版社

图书在版编目（CIP）数据

发现昆虫之美②/ 中国昆虫学会编. -- 武汉：湖北科学技术出版社，2021.8
ISBN 978-7-5706-1539-1

Ⅰ. ①发… Ⅱ. ①中… Ⅲ. ①昆虫—普及读物 Ⅳ. ①Q96-49

中国版本图书馆CIP数据核字(2021)第108483号

出 版 人　章雪峰
总 策 划　彭永东
执行策划　万冰怡
责任编辑　万冰怡　胡　博
整体设计　胡　博
配　　文　毛一平

出版发行　湖北科学技术出版社
地　　址　武汉市雄楚大街268号
　　　　　（湖北出版文化城B座13—14层）
邮　　编　430070
电　　话　027-87679468
网　　址　http://www.hbstp.com.cn
印　　刷　湖北金港彩印有限公司　　　邮编：430023
开　　本　787 × 1092　1/16　11.25印张　4插页
版　　次　2021年8月第1版
　　　　　2021年8月第1次印刷
字　　数　180千字
定　　价　98.00元

目录

CONTENTS

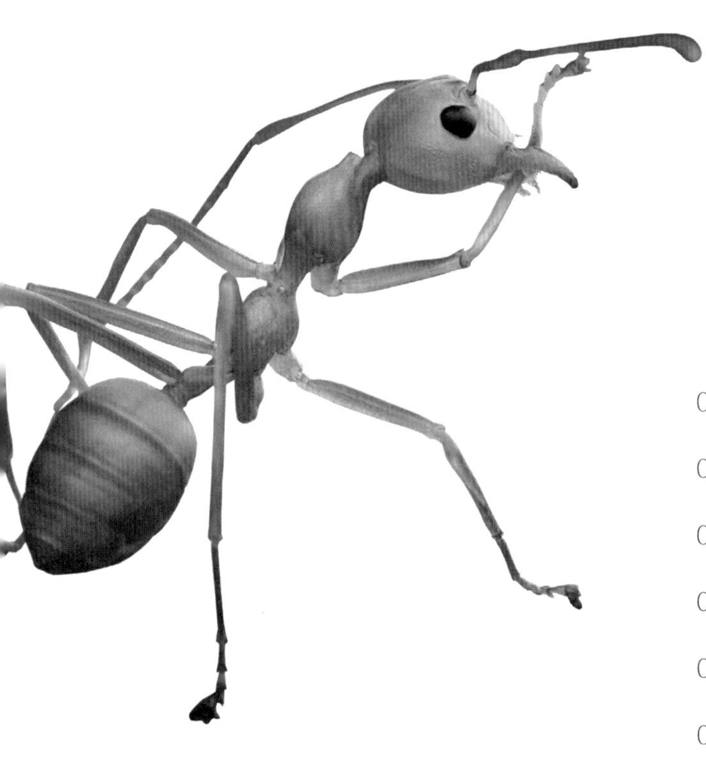

《蚂蚁搬家》

作者：贾宁

昆虫名称：蚂蚁

果实生长，回归大地
这是它的宿命
只是有时会有小小的奇遇
这些大地的子嗣
它们托举，飘浮，欢呼
大地母亲微笑着
观赏一场生命的嬉戏

《和为贵》

作者：周反美

昆虫名称：豆娘

朋友
是不是风带来了你
哦，风不会带着谁隐逸
只有载着风才能远行
这里，那里
都是痕迹
须臾
须臾
忽然而已

《瓢虫》

作者：李峰

昆虫名称：瓢虫

丛林的雨是一场匆忙的邂逅
我不计较身上的雨滴
只是怕沉重的露珠
拖走我纤弱的长亭
水滴摇曳
微风习习
我在和她较劲

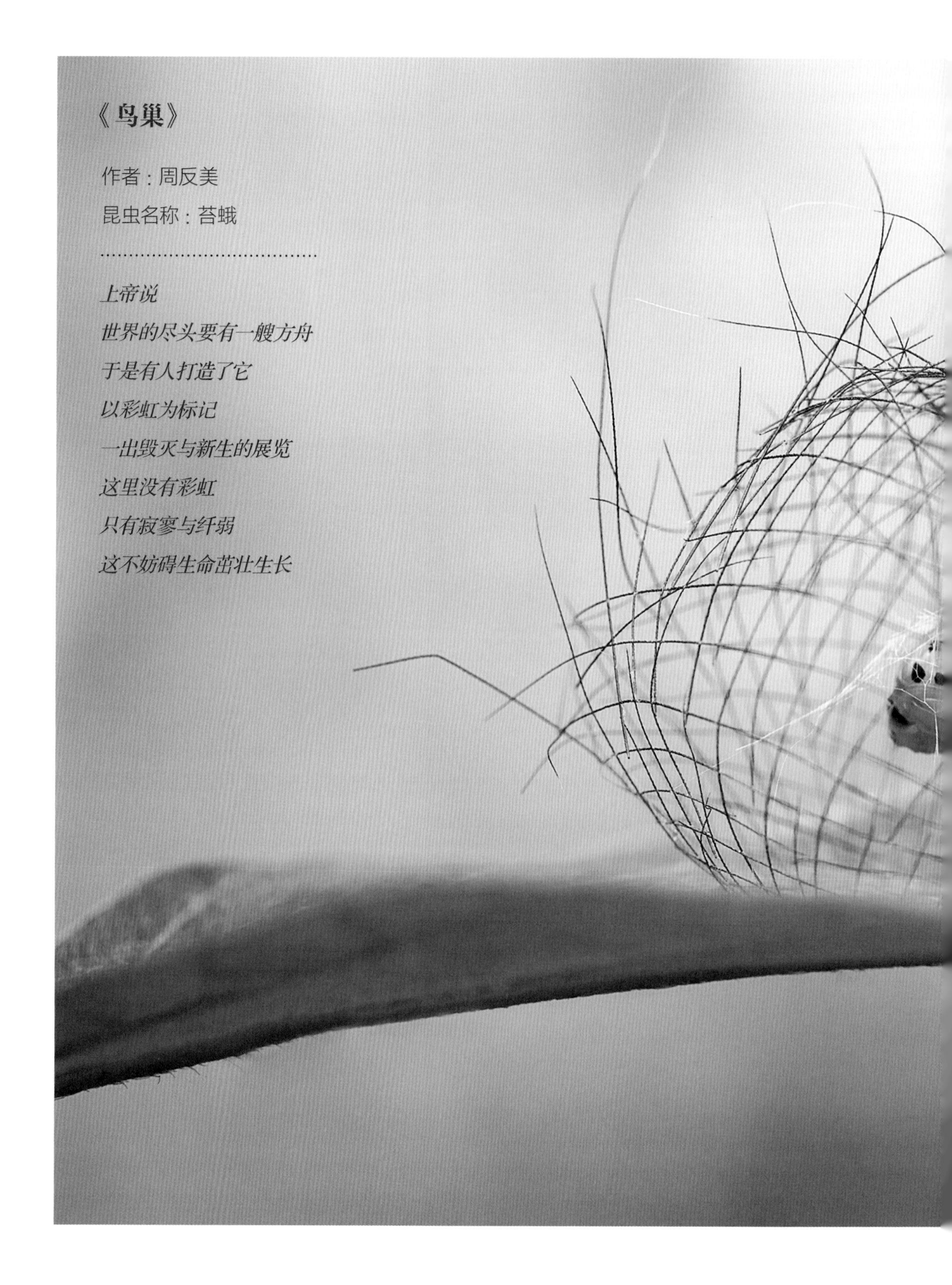

《鸟巢》

作者：周反美

昆虫名称：苔蛾

上帝说
世界的尽头要有一艘方舟
于是有人打造了它
以彩虹为标记
一出毁灭与新生的展览
这里没有彩虹
只有寂寥与纤弱
这不妨碍生命茁壮生长

《聚集》

作者：黄贵强

昆虫名称：蜡蝉

双色的叶子
坠落在晚秋的黄昏
时钟滴答作响
那些斑点游弋不定
在昏黄灯光下
悠远旋转
烟雾环绕着它们
双色的叶子
坠落在晚秋的黄昏

《守护》

作者：黄贵强

昆虫名称：蝽

中世纪的骑士
盾牌上都配着纹章
黄白相间
垂落在大地
战场轰鸣喧闹
战马铁蹄难抑
骑士们团结一致
为了生存与荣耀

《珍珠》

作者：贾宏毅

昆虫名称：蛾（卵）

海洋的馈赠
为何坠落在土地里
为何天上的阳光不给她爱抚
海洋的馈赠
为何坠落在土地里
为何她还那样冰冷忧郁
海洋的馈赠
为何坠落在土地里
孩子，莫再发问，你只管仰望天地
自然她自有她美的法则

《一窝猎蝽横空出世》

作者：罗五昌

昆虫名称：猎蝽

生命的自我表现，常常是爆发式的，就像狂风卷积乌云。昆虫也自有它冲击自然的方式。它们虽然渺小、脆弱，然而血缘可以将它们的力量集结一处。于是这些渺小脆弱的生灵，也不时昂首挺胸，与自然掰一掰手腕。

《水晶之恋》

作者：许军家

昆虫名称：叶甲

我的爱人
我曾冒着危险，无指望地爱你
听任微风将我们送来此处
阵雨馈赠的住所
微弱的阳光轻抚我们的背
我终于在此刻得到了温暖
它不来自阳光
它来自你

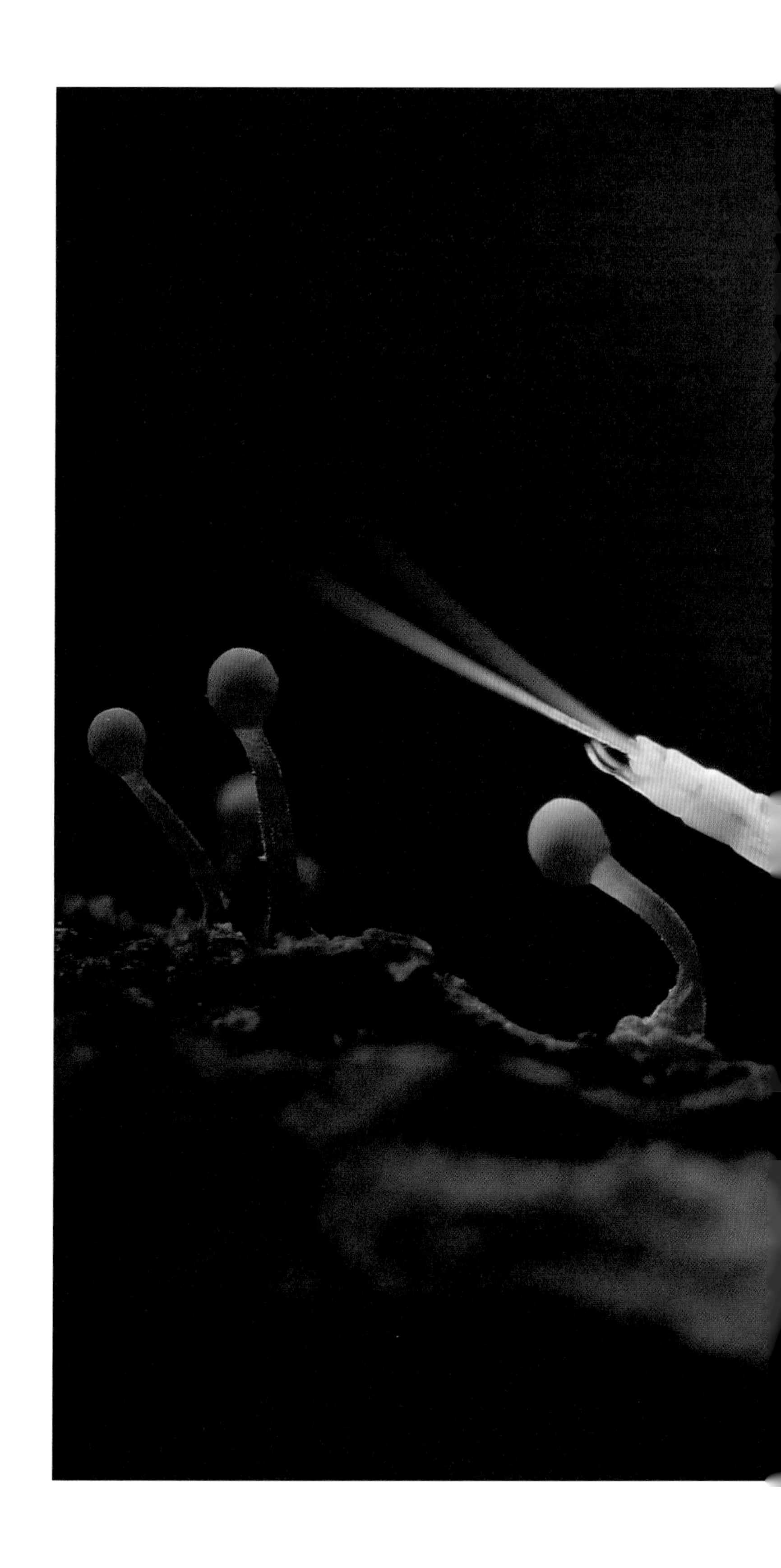

《蜉蝣》

作者：杨穗强

昆虫名称：蜉蝣

我想就此潜行
像融入大地的雨滴
只有从泥土里苏醒之后
生命才有长短之界
可生死是无谓的
因为我会就此潜行
躲在书里
成为永远读不完的故事

《瀑边水舞》

作者：陆正军

昆虫名称：燕凤蝶

我照着镜子，我不知道对面是不是我。我常常疑惑，在阳光下穿梭的我，在池塘上跃动的我，还有偶尔停下休憩的我，究竟哪一个是真的我。

我的朋友啊，请暂时放下思考，在水边起舞吧！当你看见你深邃的眸，你就会看见真正的你。

《蝶石》

作者：段琴

昆虫名称：箭环蝶

我想忘掉人的言语
任由岁月抽打岩壁
生命总是和喧嚣关联
此处却是静穆的地
岩石在低语
坠入迷域
沉默被捞起
字自成句

《旋律》

作者：桂劲松

昆虫名称：蝶角蛉

我想捕捉清晨泼下的第一缕光
可是道路曲折回环
为我的眼睛遮上了黑幕
清新的远处
有她浅斟低唱
那是流水一般的黄昏旋律
亦是孤独者的路标

《看洞房》

作者：郭仲荣

昆虫名称：豆娘

醉酒忘我

爱情亦是

我是昂扬的生命

不能抗拒鲜艳的躯体

这是自然的骗局

荷尔蒙的狂宴

水波轻载着床

阳光如水银泄下

《双宿》

作者：黄鲁利

昆虫名称：断眉线蛱蝶蛹

似乎只能停留在一个方向
我们注定如此
我感到风的目光满是忧郁
树枝难以呼吸
雨在浇灭我的期待
哦，亲爱的
也许眼前只是幻觉
我脑海里全都是你

《融为一体》

作者：黄浩琪

昆虫名称：蝉

你问我为何躲藏？我一直都善于躲藏。躲藏之于我，是寂寥的艺术，终生的事业。不过我需要一个搭档，你明白的，舞台艺术都是如此。诶，我看你就不错，大块头，你呆呆地杵在这儿就好。

《涅槃重生》
作者：侯忠明
昆虫名称：蝉
我的身边
躺着死去的岁月
岁月是冷漠的生物
他们未感到寂寞
便匆匆别离
可成长是寂寞的事
与死亡相关的
寂寞的事

《肖像》

作者：黄章明

昆虫名称：蝴蝶（幼虫）

画家用铅笔临摹
但自然不是
你看不到她的画笔
甚至挥舞线条的痕迹
掺和着雨水和泥土的浑浊颜料
缥缈天空的背景板
她把昏暗的地方变得明亮
等待她的子民
去发掘那些美

《汇聚》

作者：姜春燕

昆虫名称：摇蚊

生活是一张网
无人可以逃离的网
我们都在上面劳作、挣扎
直到生命被展示
岁月被重启
倔强桀骜的孤独灵魂
生活是一张网
是他无法挣脱的网

《追花逐蜜》

作者：蒋春洁

昆虫名称：黑长喙天蛾

腾跃在风中的健壮的帆
施展着油画的布
我想穿越悠远的旅途
在那里遇上江湖和伙伴
自然安静地待在那里
散发着她的烟火气
还请你们跳一支舞
她微笑着说道

《扬帆起航》

作者：罗五昌

昆虫名称：宽带青凤蝶

我在镜子上行走
吮吸着我的倒影
物理学剥离了我和我
那么
这就是自我与自我的归一
直到雨水一点一滴
打破这场团聚

《怒放的生命》

作者：麦祖奇

昆虫名称：负子蝽（幼虫）

春风后的谷雨，空气朴素如去年一般，我坐在长椅上，放下了酒杯，看见冒着头追逐的青年。最后在朦胧的昏睡中，看见阳光倾斜在地上。这难道是自然的祭祀么，岁月又把生命与活力传递给了下一代，就好像去年一样。

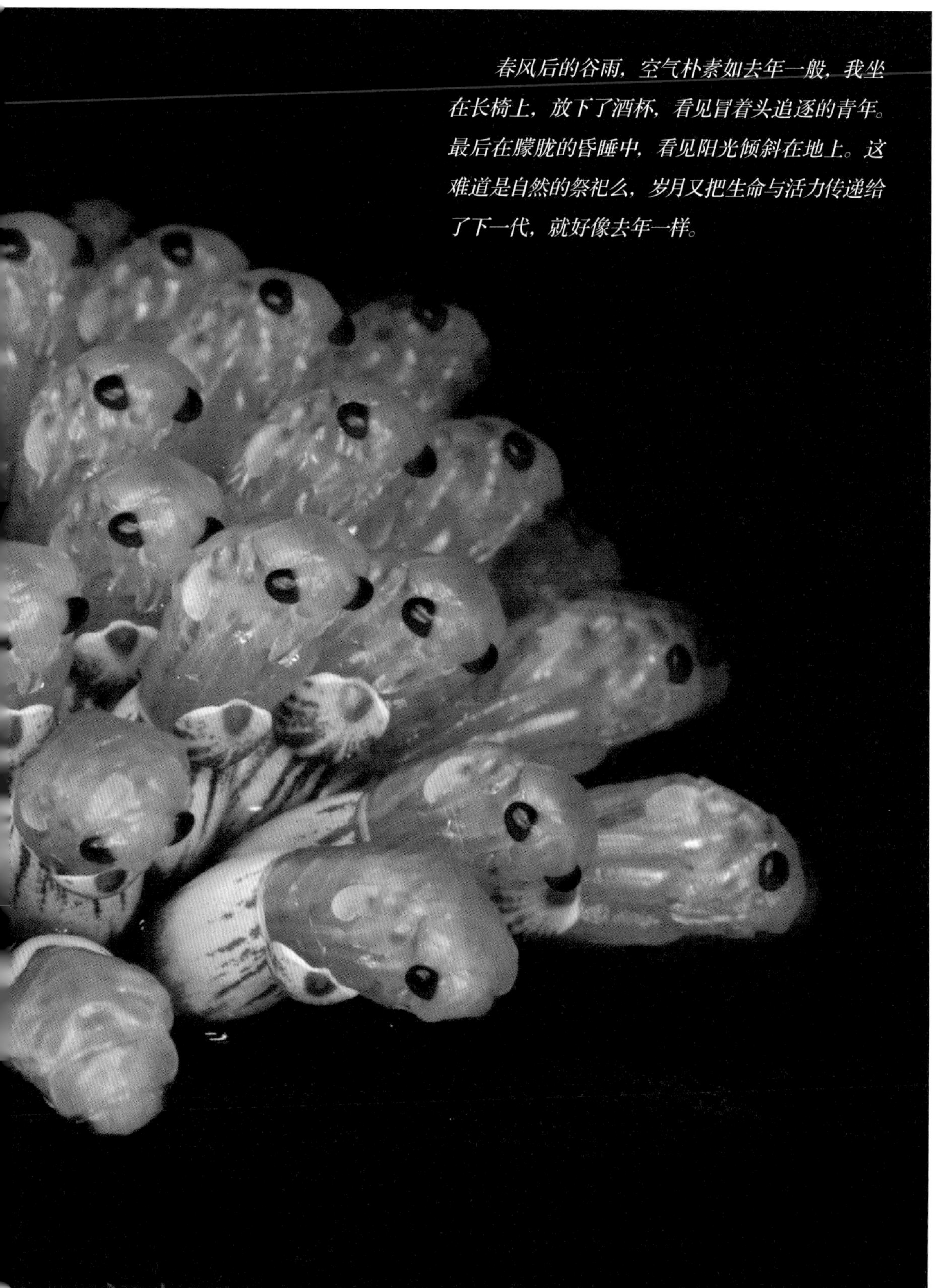

《构成》

作者：欧阳临安

昆虫名称：竹节虫卵

世界是一种结构主义，就像佛教徒最后在一粒蚕豆中，能见出一个国家。自然的模型也常常隐藏于微妙的细节里。虽然只是偶然剥开的树叶，那些奇妙的生命的排列，也在述说着自然的秘密。

《切叶蜂切叶》

作者：麦祖奇

昆虫名称：切叶蜂

母亲赐我以刀
我只好把分割当作天命
她只能默默无语
也不能预知谁胜利的可能
自然母亲啊
请您闭上眼睛
背过脸去吧
我们都是您的儿子
我们都是为了生存

《沫蝉若虫》

作者：王誉策

昆虫名称：沫蝉

天空落下水滴
时而透明，时而浑浊
散落着，到处都是
缥缈的灵
地精传来他的声音
丛林因此而平静
让我拥抱这些水滴
享受柔软的
漫长的恬静

《踏浪》

作者：吴政保

昆虫名称：水黾

重力掌握着坠落
我的身体
亦是水中的波纹
层层扩散
黄昏在指引
像一片涣散的灯塔
我向着它潜行
无论何地
无所谓何地

《梳洗》

作者：杨穗强

昆虫名称：黄猄蚁

万物有灵的
滑腻的风
带着污垢四处着落
土地习惯于接受一切
那些光鲜的，那些黑暗的
还有落拓不羁的无垢者
它舔舐着自由的灵魂
傲然地拒绝着自然赋予

《熊蜂》

作者：俞肖剑

昆虫名称：熊蜂

奶奶缝制着黄色的摊子
我在那里催促着她起身
阳光就要洒得最满了
这是一年之际
最好的撒泼时光
可要是错过了
我就长大了

《飞行杂技》

作者：俞小将

昆虫名称：蜻蜓

....

我是空中的骑士

不可避免地陷入缠斗

俯冲而下的红色男爵

淋漓地进攻

钳形机动

却无法摆脱

也许就要坠落

坠落

拥抱泥土的坟冢

《玉立》

作者：张明

昆虫名称：蜻蜓

卓越的生灵
无法抗拒流水的香味
就连苗床也因此蜷曲
我在这里进行一场默契的游戏
在阳光下抬头
它就把我投向反面
也许在水里的世界
也在进行着一样的游戏

《镶砖》

作者：王江

昆虫名称：云粉蝶

透明的奢侈是沉重的负担
这是我以生命为赌注的冒险
艺术强调牺牲
我一直如此认为
你看那被处以火刑的魔女
是否也像我一样晶莹

《宇航员》

作者：赵俊军

昆虫名称：腐叶螽

在豪迈的世界面前
我只是一粒尘埃
所有的岁月
不过只是一瞬的微鸣
重力是神灵
坠落是命运
可是我却超越其中
即便只是看上去而已

《钻石》

作者：郑志刚

昆虫名称：蛱蝶（卵）

他们认为我坚硬无比
就像凡间落入了精灵
可是我却轻盈
柔弱的风是我的载具
那里有坟墓，有树林
有无穷无尽的光影
微风去了，我便停在这里
他们认为我坚硬无比
可是我却轻盈

《空中杂技》

作者：钟广平

昆虫名称：猎蝽

……………………………

我总是想要离开地面

即便我来自那里

它还给我力量

在我的血缘，亲族

以大地为依托

我高高地举起

母亲送来了风信子

为了儿子的茁壮

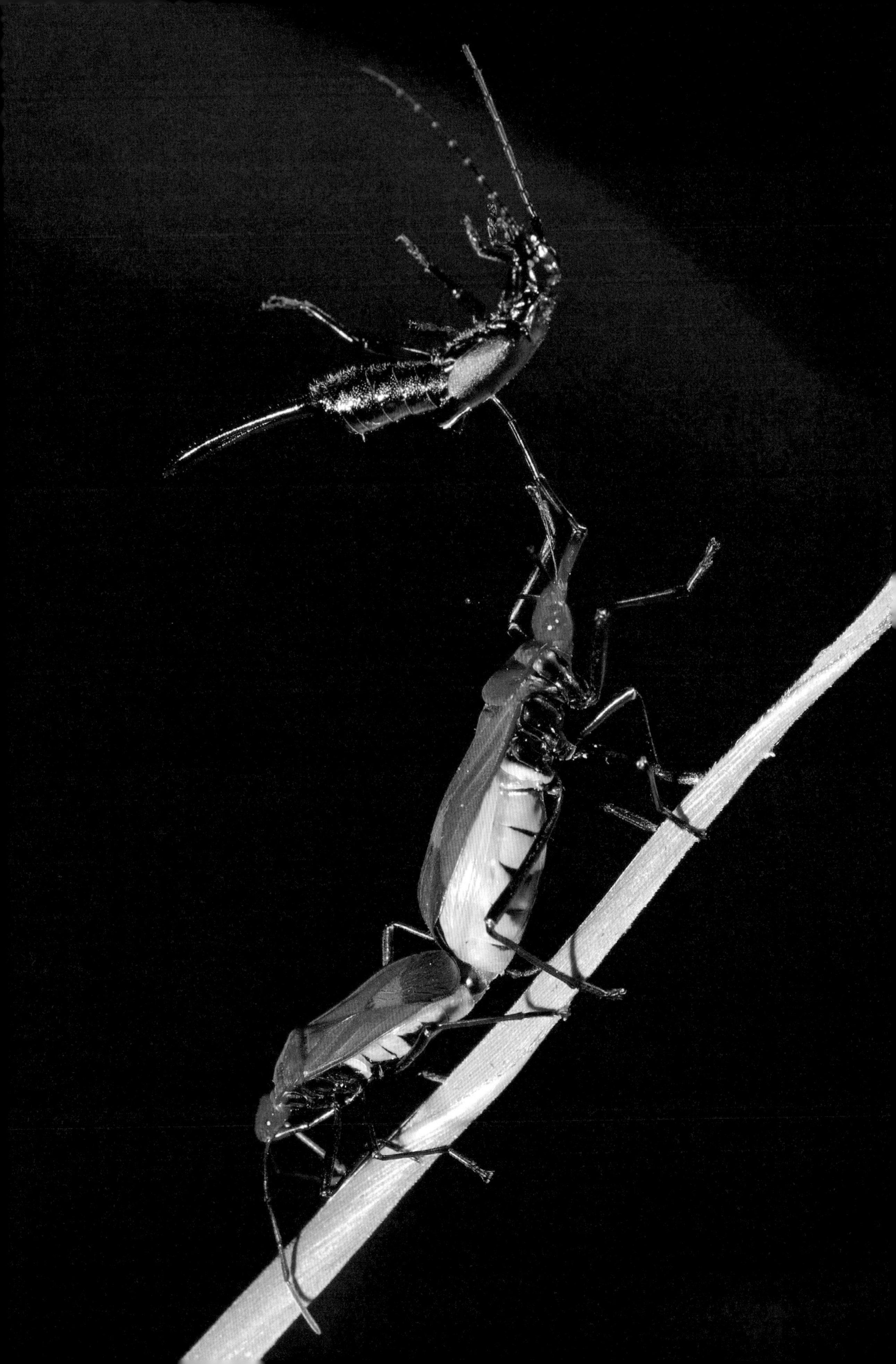

《某象鼻虫》

作者：陈正军

昆虫名称：象鼻虫

即便是概率论
也无法预测萍水相逢的可能
如果没有人提醒
我就不会注意那个擦肩而过的物种
他坚韧、古老
深沉得像石雕一样
历史熔铸成的钟摆
以及触碰到未来，又羞涩得收回的触角
那就是我关于一场偶遇的印象

《一叶两螳》

作者：周反美

昆虫名称：海南角螳

春天里的一勺布丁
落于绿色的百褶裙
我挥舞精致的勺子
像冰激凌一样切开它
奶油柔软滑腻
直到微风触及
它带走了酸甜
以及你我
颓废的灵

《巡逻小分队》

作者：成芳

昆虫名称：猎蝽（壳）

马匹、直剑

绚丽的军装

马蹄踩成四四拍

演奏出轻骑兵进行曲

前方尘土飞扬

敌人汹涌而来

快，快

快回去报告族群

我们随时准备迎战

哪怕是来自自然的挑战

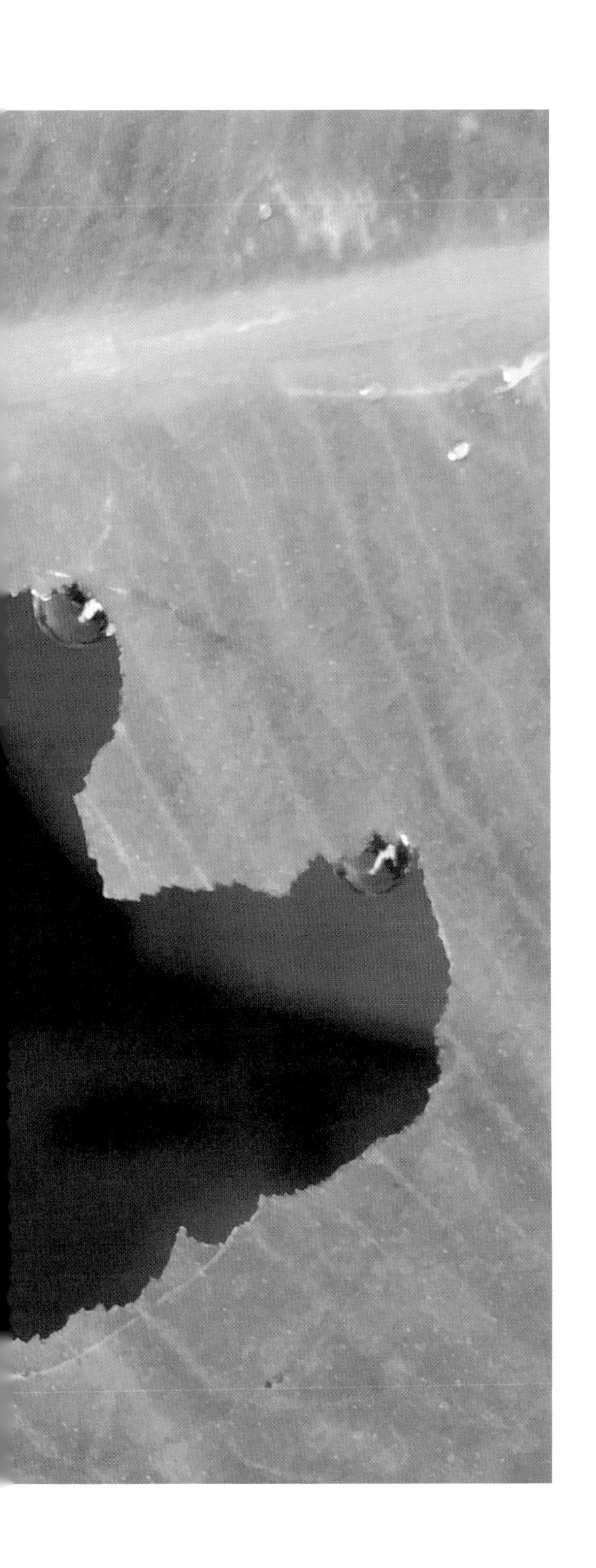

《无题》

作者：黄贵强

昆虫名称：萤叶甲

在被壳包裹的世界里
路面塌陷了一个大坑
没有人
有时间去写禁止通行
没有人
有时间去注意那些混凝土去了哪里
就像残破的命运的系带
一切都是那么正常

《美的另一面》

作者：侯忠明

昆虫名称：刺蛾（幼虫）

我们把理想都忘在

那远去的夏的夜晚里

于是丢失的

都承载于烟火

金黄色的，高耸着爆炸

一点与一滴

落于深邃的黑暗

美的另一面

就是再也找寻不见

《变身》

作者：黄章明

昆虫名称：螽斯

在深夜的化装舞会里
拖曳着丝质的长裙
有一些不能挽留的情绪
所以你只能是另一个你
在黑暗中探索的
触碰到却又会回头的
那是自我的分离
如同不可理喻的命运

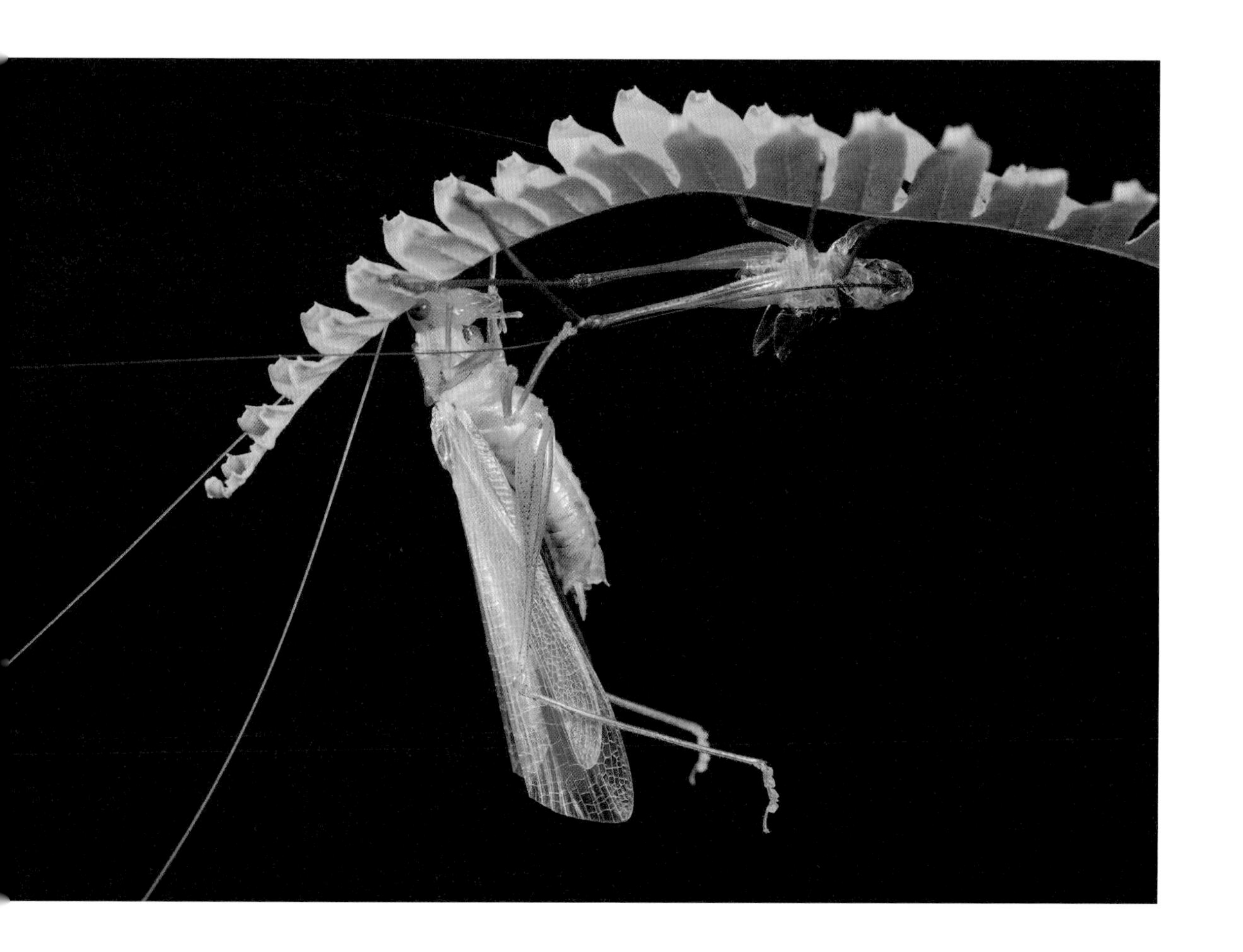

《金属彩》

作者：姜春燕

昆虫名称：蜂

充满了破碎与嘶吼
强力的和弦
以及缜密节奏后的废墟
金属之于听觉
正如其之于视觉
那些炫目的东西
占据主体的生命感
正是循环往复的
自然的金属

《麻竖毛天牛》

作者：李峰

昆虫名称：麻竖毛天牛

那些本能的生灵
总是无所顾忌地炫耀自己的高大
痛苦，痛苦
离我而去
死亡，死亡
勿要逐我
我与神灵
凭依着缥缈的咒语

《丽影》

作者：李剑池

昆虫名称：豆娘

中世纪的教堂里

彩色的玻璃片

人总是认为

艺术能够直达天听

然而色彩总是缺乏想象力

难以抵挡自然的生机

曲径之路弯折不已

我垂垂低鸣

《觅》

作者：刘德源

昆虫名称：某蝶或蛾（幼虫）

若是掉在生命的无底深渊
无限的黑暗正在凝视我
而我寻觅光明
陷入无穷无尽的攀登
直到阳光垂落而下
羸弱地给我打上一个幻觉
那里无数花朵迎候
就好像在为我盛开

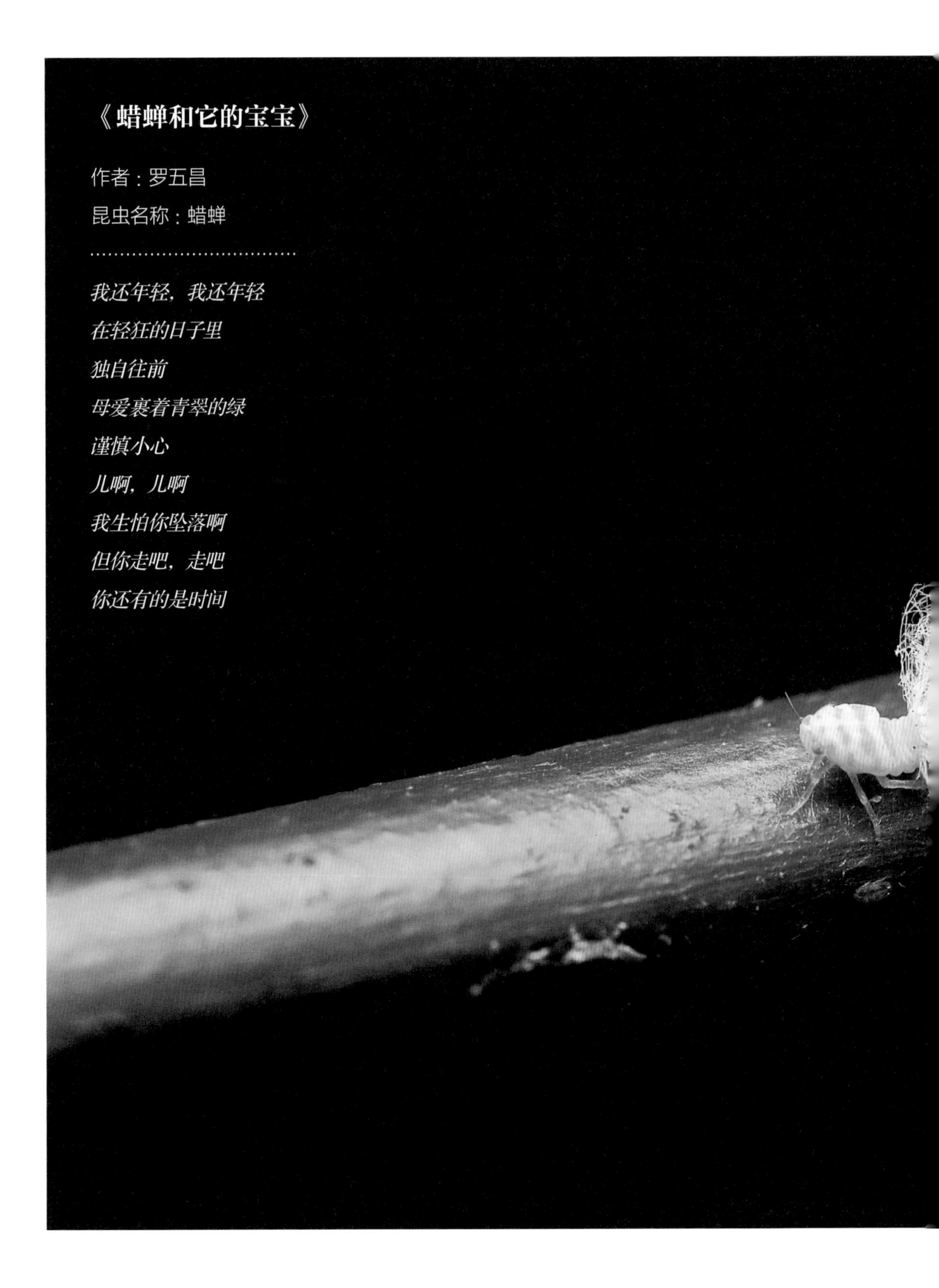

《蜡蝉和它的宝宝》

作者：罗五昌

昆虫名称：蜡蝉

我还年轻，我还年轻
在轻狂的日子里
独自往前
母爱裹着青翠的绿
谨慎小心
儿啊，儿啊
我生怕你坠落啊
但你走吧，走吧
你还有的是时间

《竹节虫破壳》

作者：欧阳临安

昆虫名称：竹节虫

我们盛情地附着墙壁
年轻得迫不及待
破蛹而去
到远方去
那些风雨将会淹没
土壤将会掩埋
那些未知将不可阻挡
反而是好奇心的食粮

《一团和气》

作者：饶宁

昆虫名称：蝽

当我说再见的时候
你总说我在欺骗
那团聚呢
是否也是欺骗
就像吐出无这个音符时
那是一种无中生有

《健康成长》

作者：任炎尧

昆虫名称：紫光箩纹蛾（幼虫）

碳色的纤维
沐浴着气浪的黑武士
那是冷血的工业品
深邃如人的眼眸
附着在随机的枝条上
人们总说
自然是一次随缘
就像天然而人工的随缘

《昆虫》

作者：俞肖剑

昆虫名称：某螽斯（幼虫）

我不是男的、女的
不是青年、中年
不是程序员
不是父亲
更不是诗人
我是人类
就像有一种透明的无颈椎动物
它叫作昆虫
这有什么不对么

《蟌之眼》

作者：王誉策

昆虫名称：蟌

眼见为实
更是所见即所得
世界经过了眼珠的过滤
怎么会还是原本的样子
谁看到的才是原本
或许本身就没有所谓的原本
那么，它们到底看到了什么
可惜它们不会说话

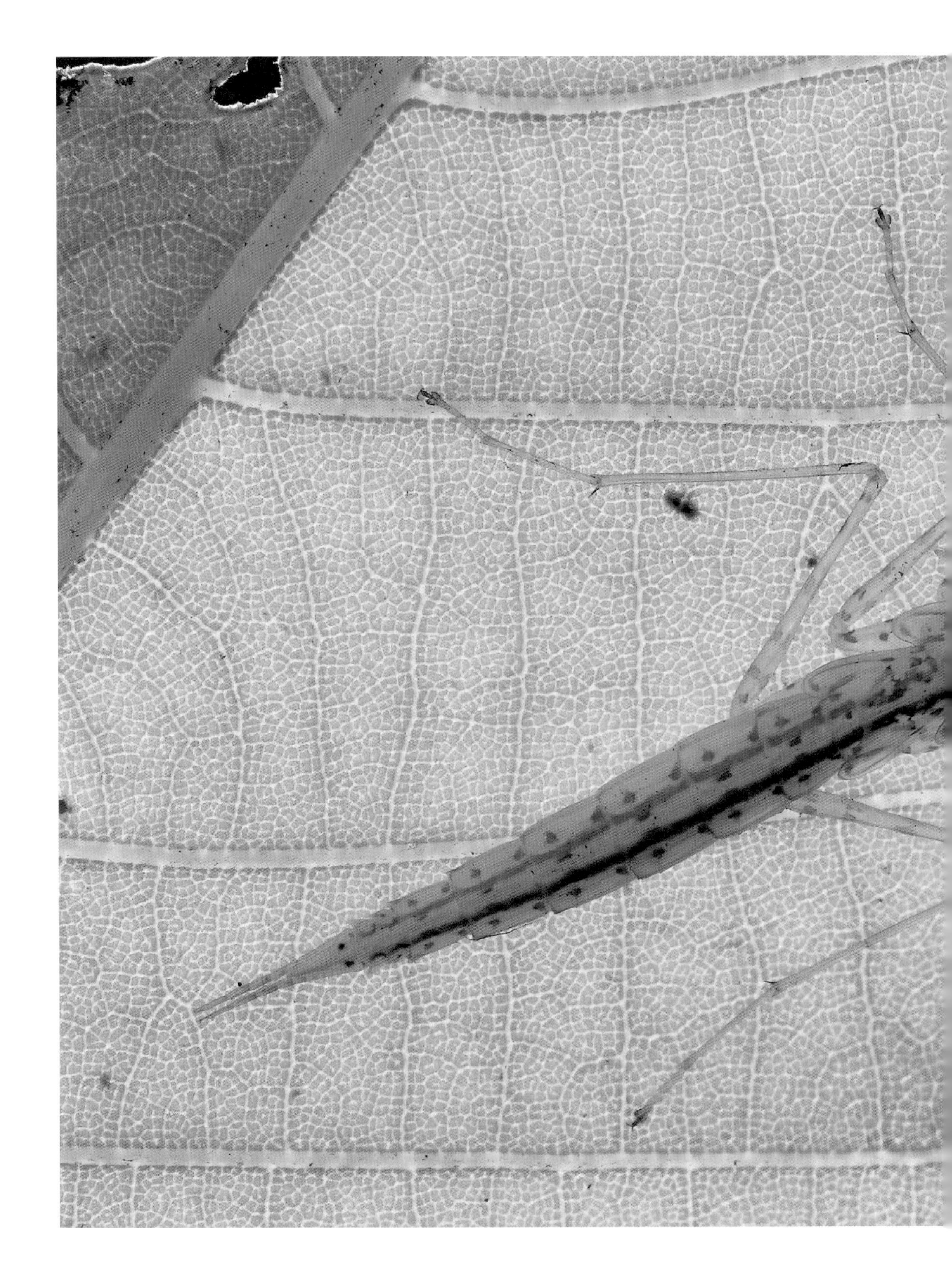

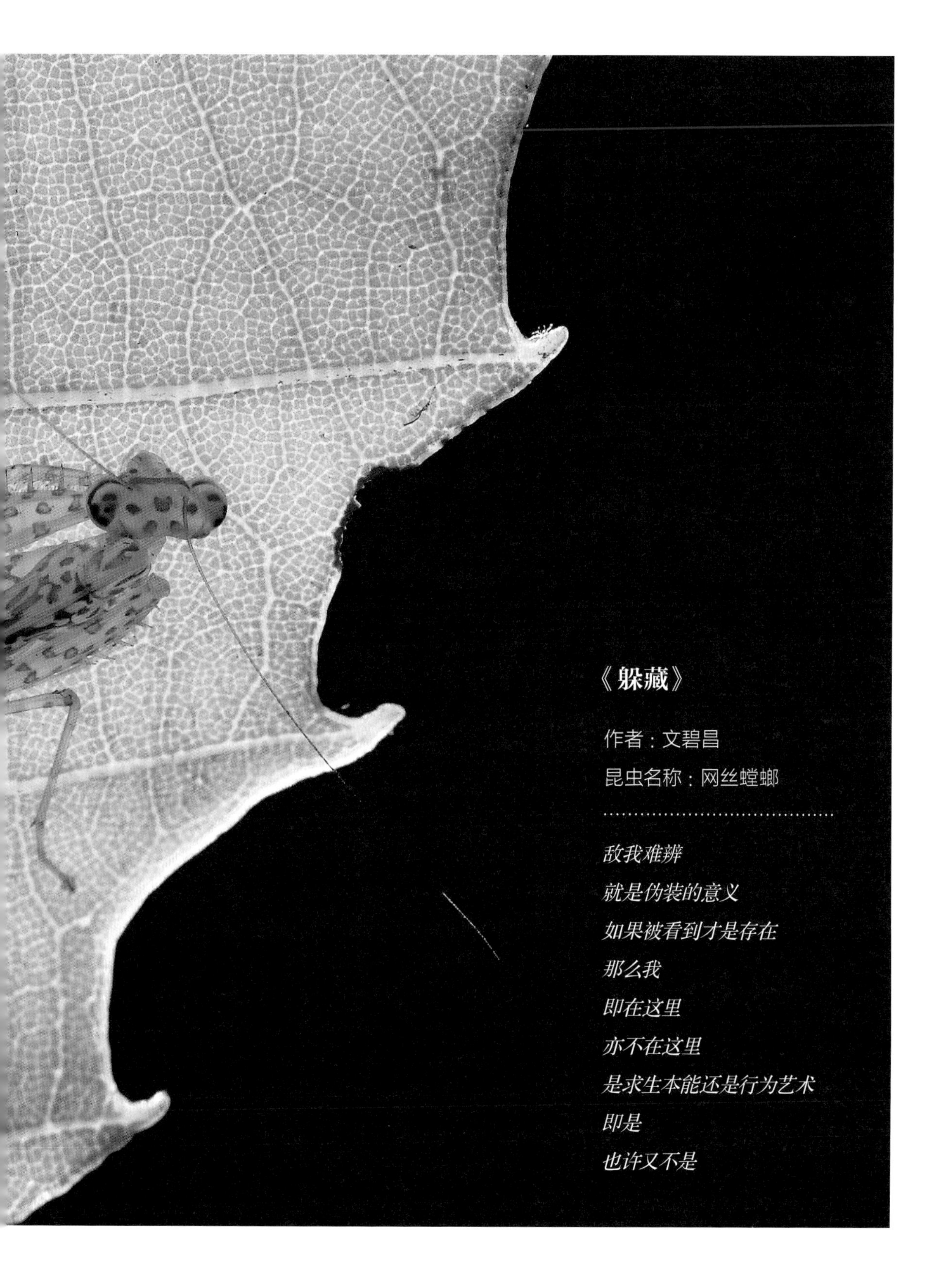

《躲藏》

作者：文碧昌

昆虫名称：网丝螳螂

敌我难辨
就是伪装的意义
如果被看到才是存在
那么我
即在这里
亦不在这里
是求生本能还是行为艺术
即是
也许又不是

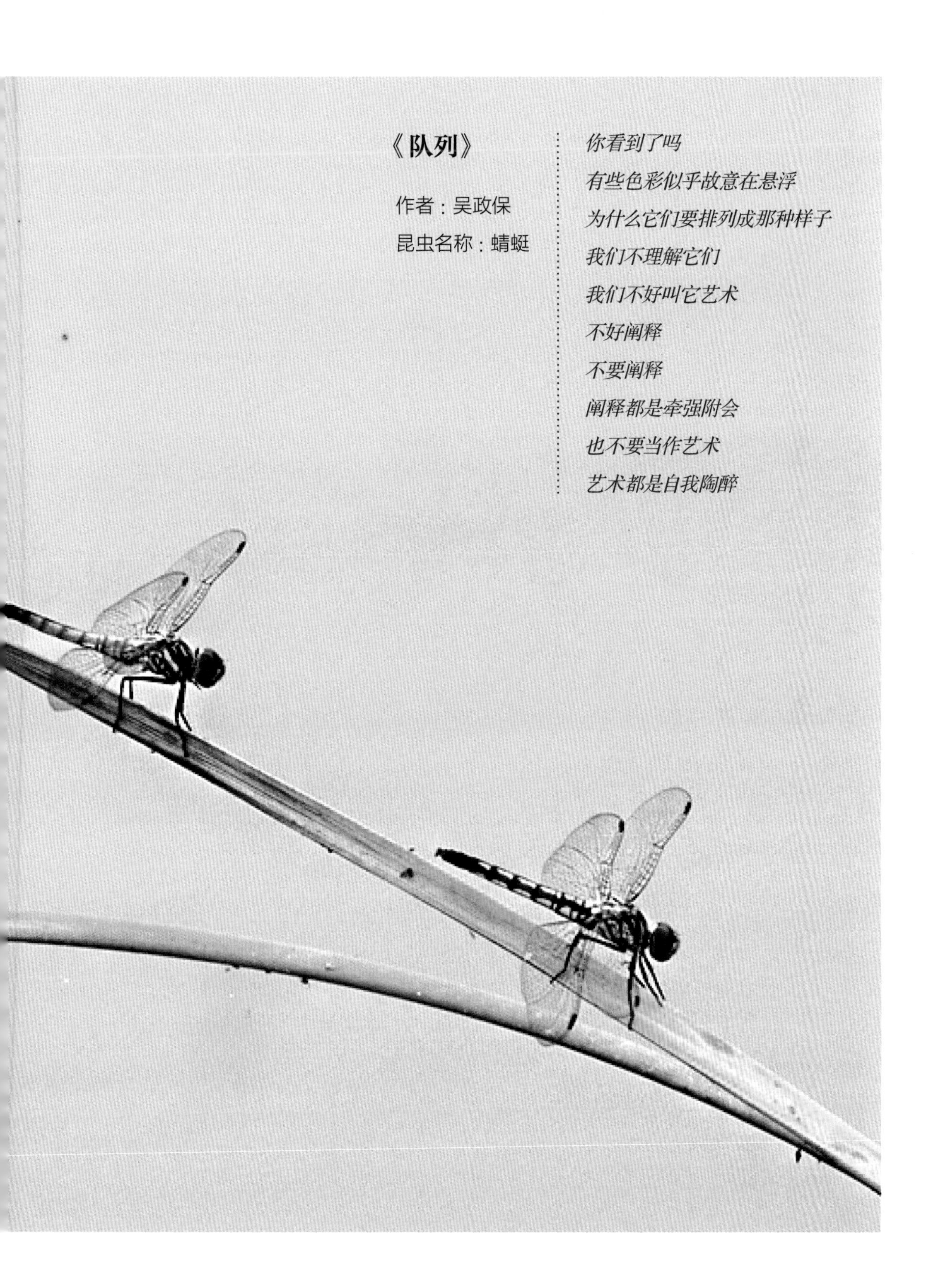

《队列》

作者：吴政保

昆虫名称：蜻蜓

你看到了吗
有些色彩似乎故意在悬浮
为什么它们要排列成那种样子
我们不理解它们
我们不好叫它艺术
不好阐释
不要阐释
阐释都是牵强附会
也不要当作艺术
艺术都是自我陶醉

《瞪大双眼》

作者：赵俊军

昆虫名称：突眼蝇

站得高、看得远

做人要踮起脚尖

那是因为他们的眼睛长得太低了

照我看

这是进化得不完全

造物主累了

她昏昏欲睡

而我是在这之前

就已经完成的作品

《角蛉幼虫》

作者：郑志刚

昆虫名称：角蛉

给坦克装上排雷装置
我们将要登陆
什么？你说那样太奇怪了
世界的眼光
禁止奇怪的事物通行
可是地雷总是存在的
就像天敌一样

《体操》

作者：曾文清

昆虫名称：蛾

如果不是一片叶子落了下来
我还以为秋天永远不会来
倒吊着
晃动着附着
最终坠落
好像一句季语
忧郁却有力
莫不是枯萎的生命
最后一次歇斯底里

《绿裙舞》

作者：陈开祥

昆虫名称：绿带燕凤蝶

她不声不响地
告别了聚光的荧幕
就像自然来临的夜晚
潮湿又温和
一群女人聚在一起
招来了那些无聊的男性
这些没来由的舞会
舞会，又怎么需要来由

《伪装者之蛹》

作者：桂劲松

昆虫名称：蛾（幼虫）

装甲总是破碎着

拼接

倒不如画上迷彩

陷入大地里

从地核里涌起的力量

由于我与它一体

融化在这里

《集体干活》

作者：郭仲荣

昆虫名称：叶甲

不要忸怩

交媾是一场盛宴

明明原始人拥有那样

丰饶的女神像

而人类的理性

跨过历史的长河

却让我们处在性冷淡的时代

这可能是一场

自我的毁灭

《姬蜂》

作者：华维光

昆虫名称：姬蜂

………………………

我们失去了光晕
他说
光晕是崇拜
是神秘
是美的来源
常挂在空中的光圈
没有它
就没有这般所有
我们没有失去光晕
你看

《吃早点》

作者：蒋春洁

昆虫名称：粒沟切叶蚁

你可以离开
但是不要忧郁
早上的空气太稀薄
你感到头晕
还是目眩
还是毫无反应
哦，亲爱的
早晨并不致郁
早起才让我忧郁

《对话》

作者：黄浩琪

昆虫名称：蝽

不要抱怨
时间总是分成碎片
男人行走很远
然后被语言掺和进风里
当越野过了足够的地方
能让他们舒缓的
就只能是互不相识的偶遇
让烟酒和平静的引擎
都让位于闲言碎语

《蝴蝶翅膀的鳞片》

作者：金凌

昆虫名称：蝴蝶

你发现过漆黑的洞吗
里面叠满了水晶
无论一天是多少个小时
在这里都会漫长
因为太阳发现不了
也就没有日出日落
蓝色的水晶
她们告诉我
旅人，你躲开了时间的监督
你可以休息了

《飞舞的爱》

作者：李阳东

昆虫名称：黄边姬蜂虻

爱之舞
总是要抽象
不要真实
就算在舞动的过程中
睡着了也罢
讲求真心的伴侣
也不会抱怨多少

《产卵》

作者：史宗文

昆虫名称：丽锥腹金小蜂

光的碎片
散布在造物之上
我植入大地汲取营养
也回应大地以生命
所以我将重返黑暗
重返那深邃无尽的世界
花啊，树啊
请记住我的样子
记住我在这里留下的吻痕
你可以休息了

《红点蝴蝶》

作者：宋晓明

昆虫名称：蝴蝶

杂乱和铺张

它们追踪着我

正如烈风过后

世上再无安然摆放的物

我寻觅在风中遗失的章节

它们引我轻轻逗留

你问那是什么

那是再也不会被打扰的

一份宁静

《蝉》

作者：吴利群

昆虫名称：蝉（若虫）

你也许想问
为何蓝调是忧郁
像是慵懒的灵魂
想要寻找自然的色彩
却又不愿付出相应的代价
他说美丽
你越追寻，她越难觅踪迹
我遇着美丽
是因为瞬间的巧遇

《狰狞》

作者：钟广平

昆虫名称：蓑天牛

荒芜的平原

总是弥漫着沙尘

一张像挂着面具的脸

无从看清，更无从辨认

只能看到背后

带着飘逸又狰狞的长发

它过滤着沙尘

又粗暴地述说着力量

《建筑大师的新房》

作者：陈开祥

昆虫名称：蛾（蛹）

如果混凝土
垒砌的结构
是人类寄生的躯壳
那这就是一场
被剥去了灵魂的艺术
只有某些愚昧的动物
缺乏了自我中心的那种智慧
灵魂与躯壳
才真正地自然地
融为一体

《针芒上的爱》

作者：曾慧铭

昆虫名称：蝽

在悠远的宫殿里
没有什么在诞生
莱耶横置着她的身体
等待着做梦
那些空虚已久的灵魂
一遭遇就会停滞
哦，焦虑驻留得太久
就不要管那些自然的催促

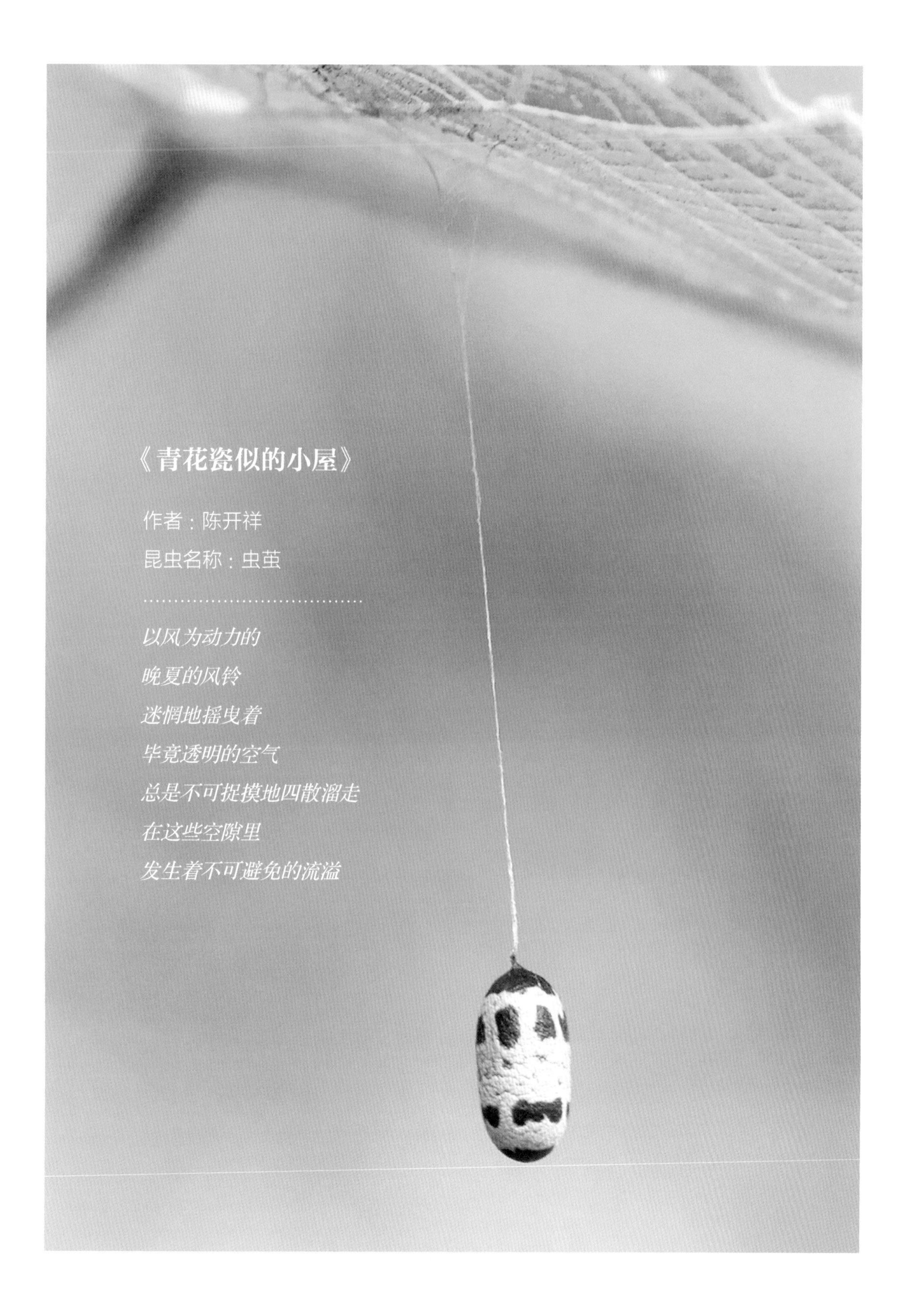

《青花瓷似的小屋》

作者：陈开祥

昆虫名称：虫茧

以风为动力的
晚夏的风铃
迷惘地摇曳着
毕竟透明的空气
总是不可捉摸地四散溜走
在这些空隙里
发生着不可避免的流溢

《起点》

作者：曾宪儒

昆虫名称：窄缘施夜蛾

弓形足

他们说我是弓形足

我无可避免地深陷其中

在足够的路程里

总是等待着更多的痛苦

缓慢，又艰难地

远离着起点

但是把它们看作

不可一世的里程碑

是不是也无所谓

《珠圆玉润》
作者：陈开祥
昆虫名称：翅蛾（幼虫）
嘿，你能不能往下挪一点
在这拥挤不堪的
空中楼阁
嘿，朋友
我明明挡在了风过来的方向
你怎么能够
身在福中不知福呢

《翡翠》

作者：周反美

昆虫名称：梵蜡蝉

我以血肉之躯
获得
纤维状的集合体
那是附着在坚硬的表面
却对粗糙的工具无能为力
破碎后，也许破碎后
才是价值所在
我对此不明所以
只是执着地向往着
某种真理

《异姓兄弟》

作者：陈开祥

昆虫名称：螽斯（幼虫）

总是有一场不可免的分裂
让我想要逃离
尽管它紧追不舍
魄力十足
也许应该停下来
来一次迎头撞击
却只能看到一个物体
瘫倒在那里融为一体

《摘果》

作者：陈祥胜

昆虫名称：荔枝蝽（若虫）

我的心，我的家
在哪里呢
在攀登之处
在平坦之处
在我所不及之处
在生活无尽地延伸之后
又空无之处

《飞向外太空》

作者：陈开祥

昆虫名称：郭公虫

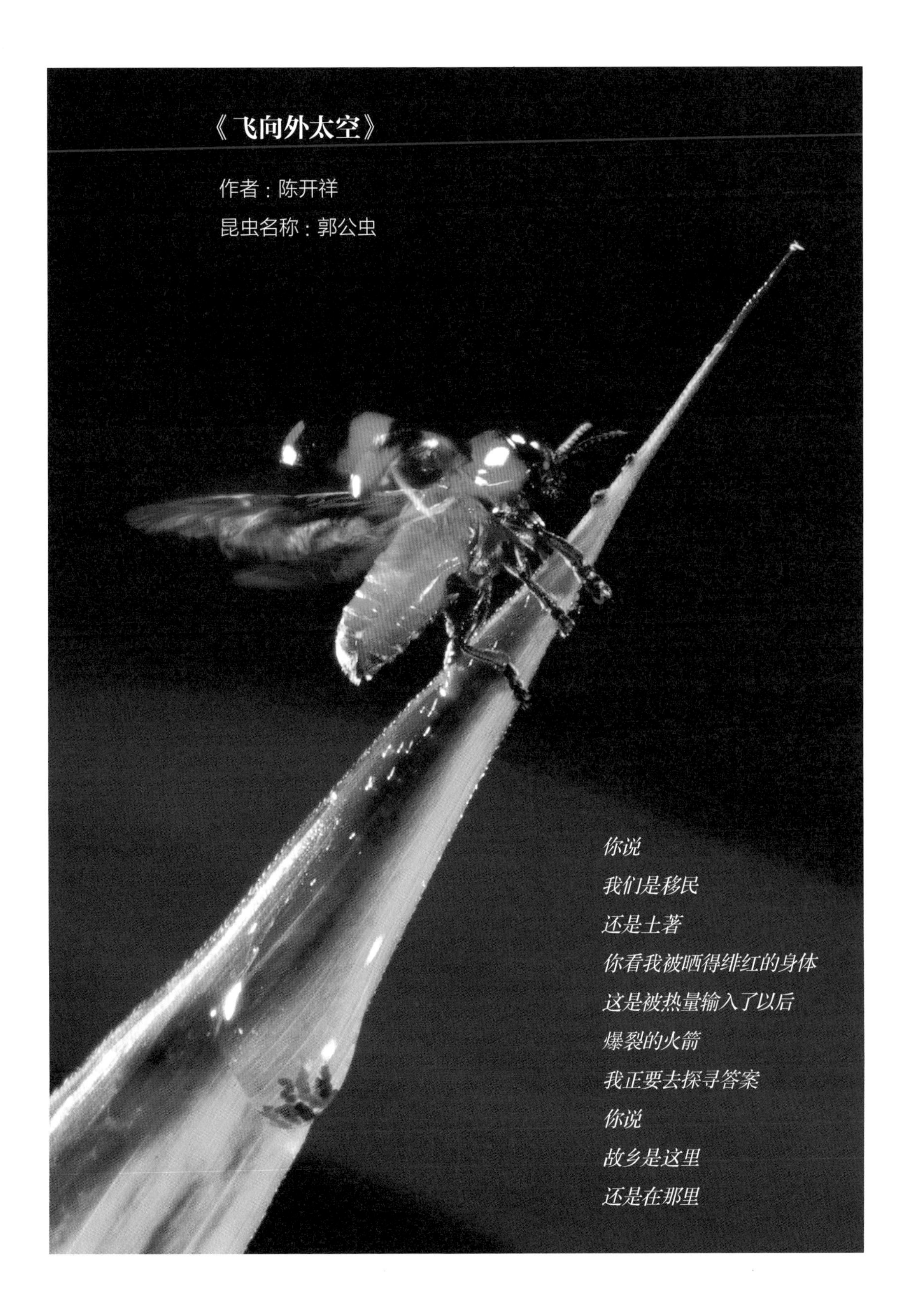

你说
我们是移民
还是土著
你看我被晒得绯红的身体
这是被热量输入了以后
爆裂的火箭
我正要去探寻答案
你说
故乡是这里
还是在那里

《憨虎》

作者：陈瑛

昆虫名称：中华虎甲

生命的阻力
与他的力量同质
所以
我总是不可避免地
与我自己搏斗
在此消彼长的试探里
我甚至可以掂量一下
我生命的质量
到底有几何

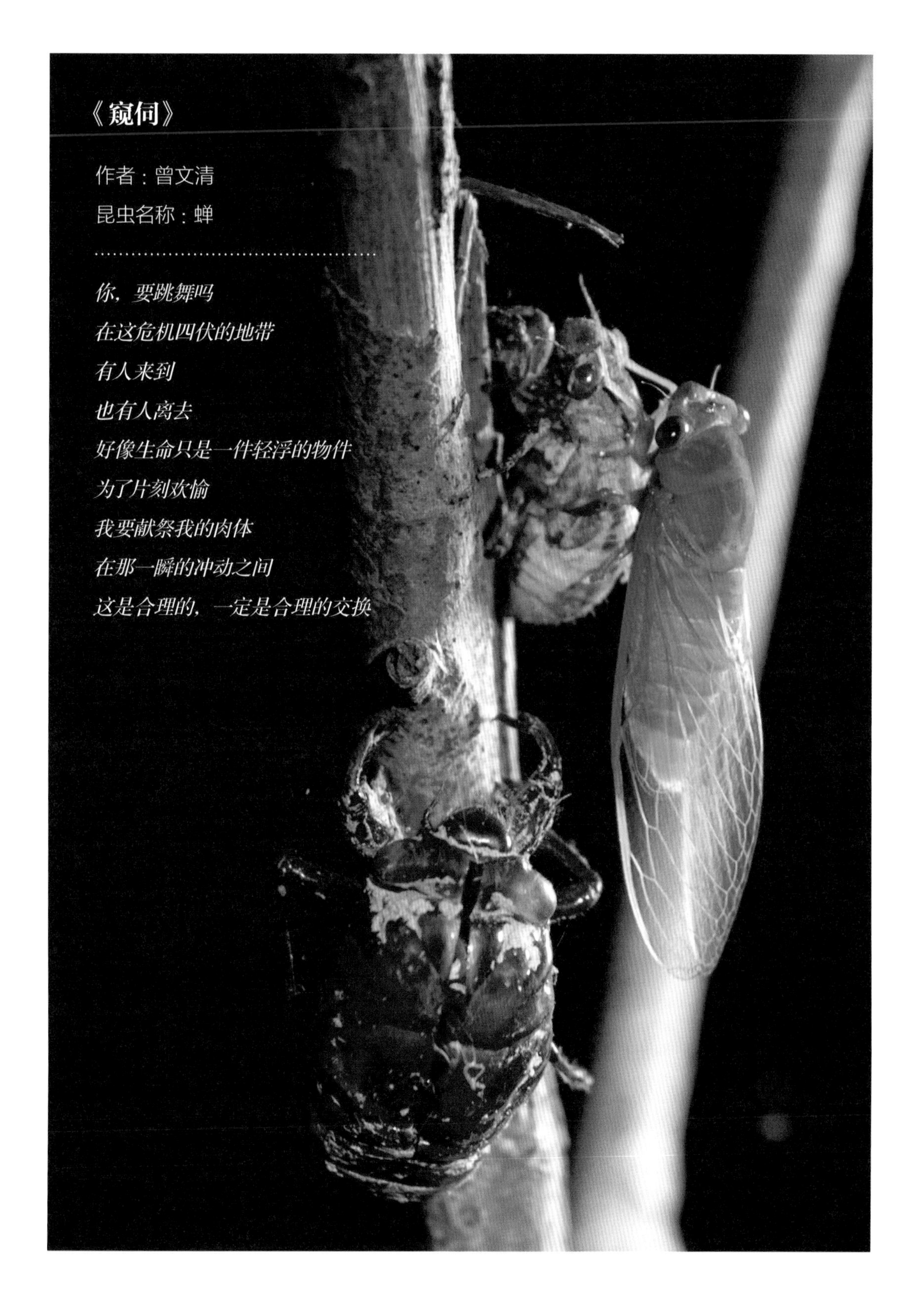

《窥伺》

作者：曾文清

昆虫名称：蝉

你，要跳舞吗
在这危机四伏的地带
有人来到
也有人离去
好像生命只是一件轻浮的物件
为了片刻欢愉
我要献祭我的肉体
在那一瞬的冲动之间
这是合理的，一定是合理的交换

《红喜》

作者：陈开祥

昆虫名称：蝽

有一颗破裂的果实
留着甘甜的汁
那可能是成熟过度的
随风飘摇的红
猛烈的，又不可抗拒
如同古老的崇拜
在今日重现

《后顾之忧》

作者：陈瑛

昆虫名称：螳螂（若虫）

如果生活
不可避免地前进
我便
无法停止不断地
后顾
这是生理上
一种强迫的机制
也是距离出生地已久
成年的身体
一种缥缈的乡愁

《起飞》

作者：陈正军

昆虫名称：耀茎甲

黑色的钙质
成长为这样的你
然而坚固也是一种障碍
选择了安全
就要被重力掌握
你是否还有飘浮的勇气
那需要更加，更加
强力的震动
最后划破那些看不见的
自然的造物

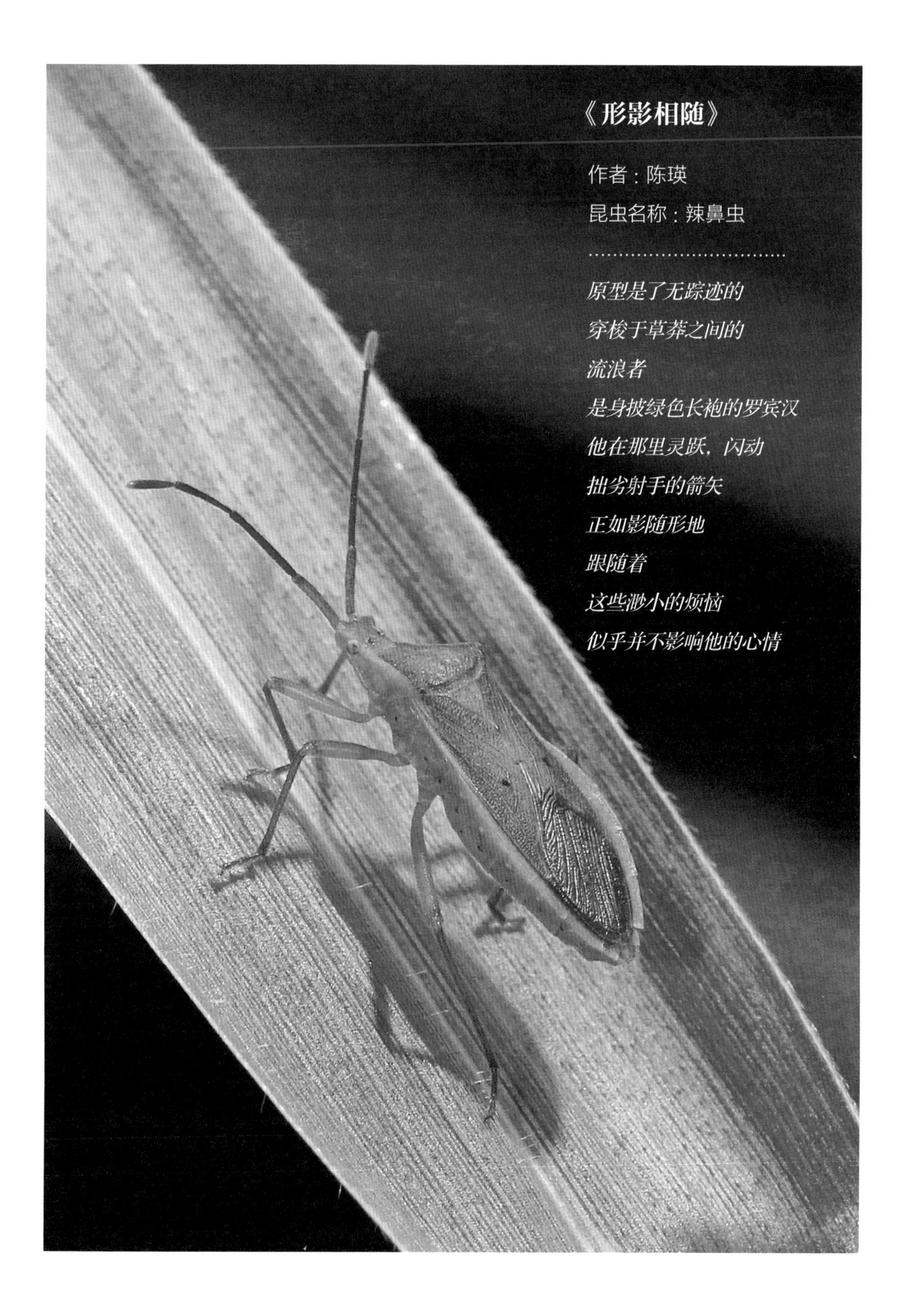
《形影相随》
作者：陈瑛
昆虫名称：辣鼻虫
原型是了无踪迹的
穿梭于草莽之间的
流浪者
是身披绿色长袍的罗宾汉
他在那里灵跃，闪动
拙劣射手的箭矢
正如影随形地
跟随着
这些渺小的烦恼
似乎并不影响他的心情

《恐怖的摔跤》

作者：陈正军

昆虫名称：鬼食虫虻 vs 某灶螽

炙热的夏日
撕裂了平静的云
自然界里
总是有不经意的角力
那些张狂的小东西
并不比庞然大物冷清
恒星那种等级的热量
也抵不过他们的热情

《赏月》

作者：陈瑛

昆虫名称：离斑棉红蝽

关于月的含蓄
早已有人传递予我
那是清冷，悠远
抚摸不到的旋律
但是我
却听从了一次呼唤
只有不停地守望
等待着那个
缥缈的回应

《花园》

作者：陈正军

虫体名称：蜘蛛

……………………………………

旋转，又滑动

一曲圆舞曲

迈着华尔兹的舞步

用锁链步联结起绚烂的色彩

画面要在汗水中体现

这是艺术的直觉

即便呻吟低沉

即便肤色狡黠

※蜘蛛和蝎子、蜈蚣一样，不属于昆虫，因为昆虫的基本特征是体躯三段（头、胸、腹），2对翅膀与6只足。

《虎视眈眈》

作者：陈瑛

昆虫名称：中华虎甲

哦，朋友
你不够集中
你要仔细地观察
真相总在那些不起眼的
细节之处
它在等待被揭晓
你又怎么能忽视它
但是
不要用力过猛
要伺机而发

《荷香时节》

作者：陈正军

昆虫名称：荔蝽

摇曳着
一颗水滴
它不可一世地
炫耀着这个季节
那是一览无余的粉色
把自然点缀成了少女
如果世界都这般年轻
我们还有什么理由
去感叹光阴

《萌萌的螳螂》

作者：成芳

昆虫名称：螳螂

我听过一个传说
有一个半人半蛇的女人
会把所有直视她眼睛的男人
都变成石头
你看，你看
她挪动着过来了

《黄昏精灵》

作者：陈正军

昆虫名称：暮眼蝶

黄昏，是一天中最朦胧的时刻，也被称为逢魔之刻。据说，如果对这一时段留恋得太久，你会看见那些平时看不到的东西。撞上一场跨越次元的邂逅，也不是不可能吧。

《大眼睛》

作者：郭仲荣

昆虫名称：蝴蝶（幼虫）

一汪清池水
如果没有任何打扰
就像玻璃材质的贝壳
不会有任何的不清澈
但生活就是不清澈的
总会有一些
充满冒险精神的不速之客
我们也没有办法
我们只能接纳

《某蛛》

作者：陈正军

虫体名称：蜘蛛

我自小就

害怕蜘蛛

害怕脚又多，又长的生物

※ 蜘蛛和蝎子、蜈蚣一样，不属于昆虫，因为昆虫的基本特征是体躯三段（头、胸、腹），2对翅膀与6只足。

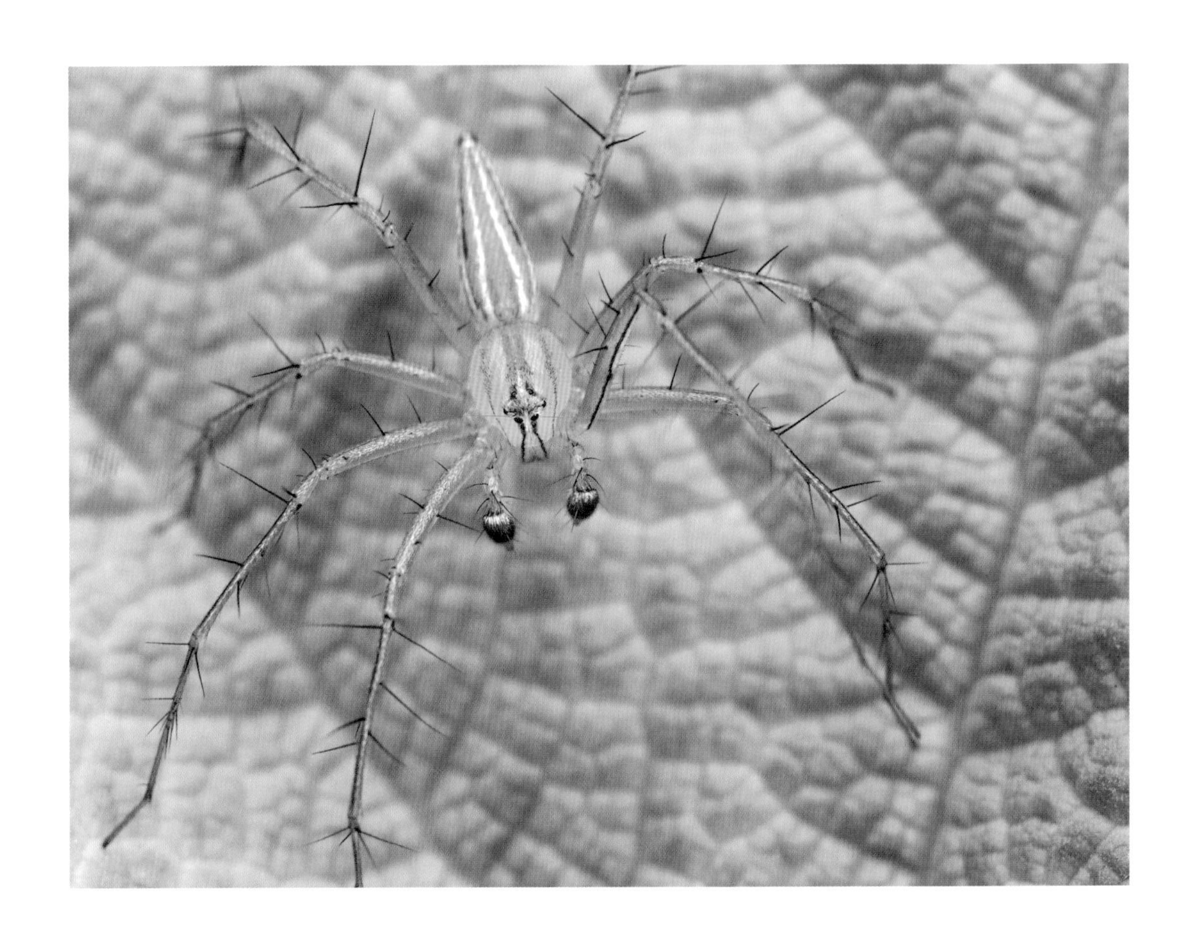

《晒太阳》

作者：罗文武

虫体名称：猫蛛

※ 蜘蛛和蝎子、蜈蚣一样，不属于昆虫，因为昆虫的基本特征是体躯三段（头、胸、腹），2对翅膀与6只足。

阳光初现的时刻
空间偶尔清晰
如果不找个机会
伸个懒腰
是不是就坏了
她的好意

《花心争夺战》

作者：成芳

昆虫名称：蟠

若非荷尔蒙在作祟
我还以为这个世界太拥挤
弗洛伊德说
那是本能
刻在基因里的
所有行为的动机
是啊
那是母亲的意旨
我们又能有什么办法

《夏天时光》

作者：陈正军

昆虫名称：展足蛾

夏天，是一年中的第二个季节，也是最容易因为炎热而缺水的季节。于是，这一时期的所有水分，其实都被锁定在了这嫩绿之中。贴近这些仅有的“绿洲”，就是这些坚硬又小巧的生物，最明智的求生之道吧。

《爱的甜蜜》

作者：郭仲荣

昆虫名称：叶蜂

别再问我了，亲爱的

我们不能拥抱

这是放肆，又狂妄的年代

为了活到这一刻

已经筋疲力尽

就让所谓爱情

在时光里做旧吧

《某昆虫邻居》

作者：陈正军

昆虫名称：跳虫

所以，你愿不愿意附着呢
可知绝对自由的背后
尽是虚无
将身体作为飘零的载体
毋识时间之长短
把生命就这样
慢慢地，慢慢地
煎熬掉

《回眸》

作者：刘小禾

昆虫名称：赤翅萤

在破碎的都市里
没有一贯的方向
我们只能漫无目的
去寻找
以及体验
直到某些东西飞逝过去
偶尔引起
我等的注意

《夏日某蝉》

作者：陈正军

昆虫名称：蝉

谁也不知道
被烈日炙烤的土地
会长出一颗蓝宝石
也许在神话的时代
从地里长出来的巨人
把自己抢来的财宝
当作种子
种在这里了吧

《爱恋》

作者：欧阳临安

昆虫名称：条腹硕蝽

像一颗缥缈的钻石
要从稀薄的云层落下
有些事物
注定以失去为荣
这是曾经触手可及的
短暂的拥抱
被给予的永恒纪念

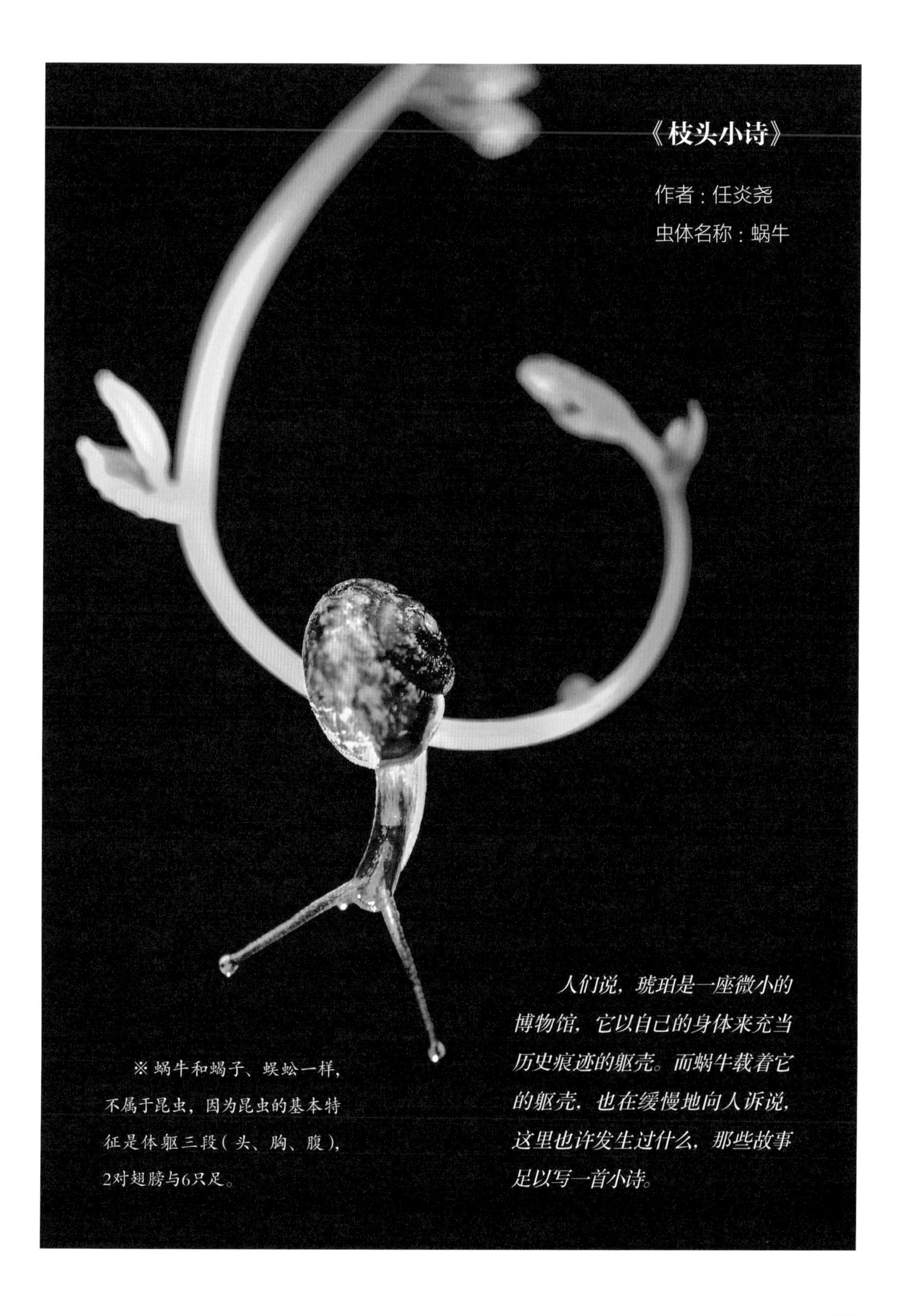

《枝头小诗》

作者：任炎尧

虫体名称：蜗牛

人们说，琥珀是一座微小的博物馆，它以自己的身体来充当历史痕迹的躯壳。而蜗牛载着它的躯壳，也在缓慢地向人诉说，这里也许发生过什么，那些故事足以写一首小诗。

※蜗牛和蝎子、蜈蚣一样，不属于昆虫，因为昆虫的基本特征是体躯三段（头、胸、腹），2对翅膀与6只足。

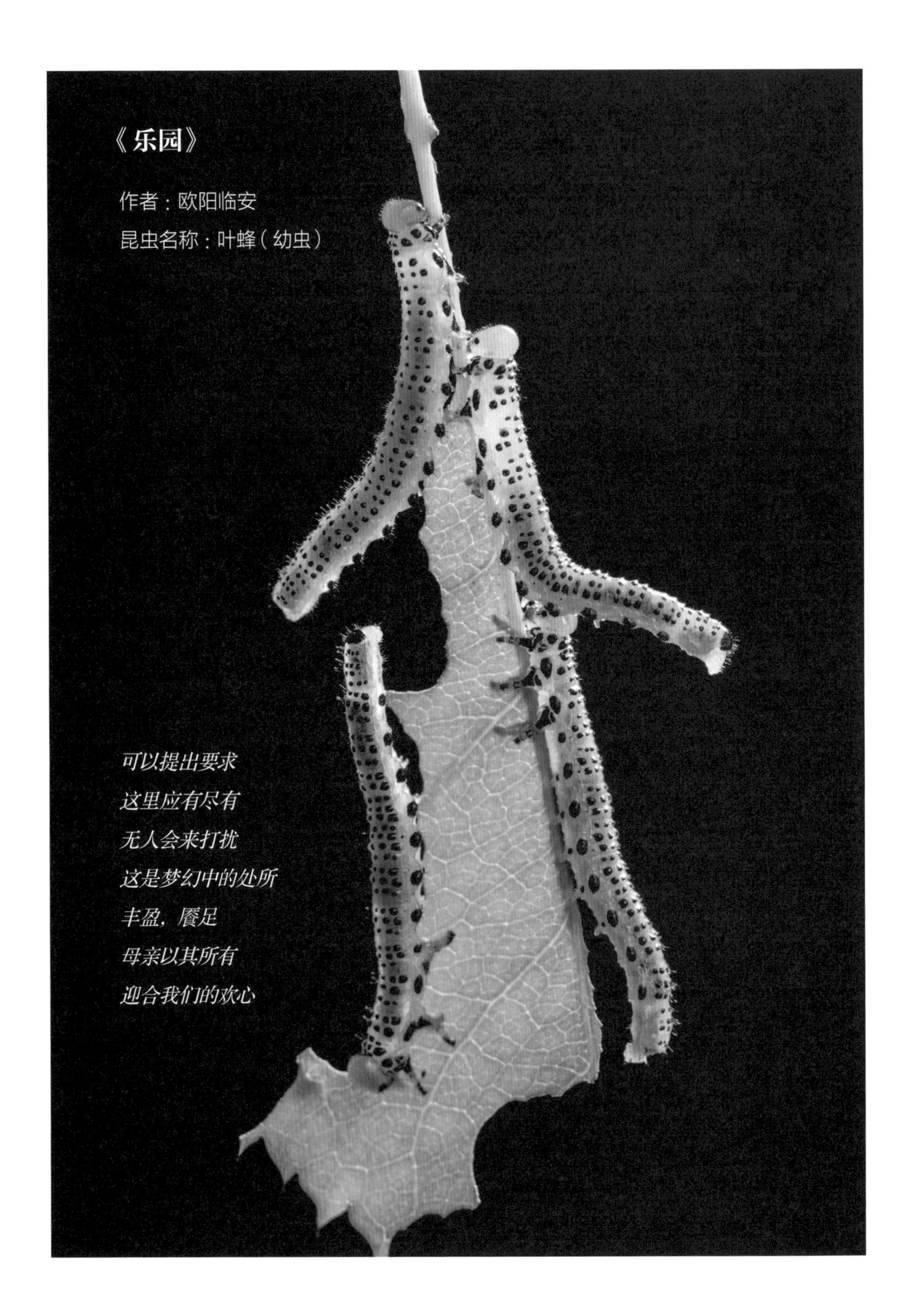

《乐园》

作者：欧阳临安

昆虫名称：叶蜂（幼虫）

可以提出要求
这里应有尽有
无人会来打扰
这是梦幻中的处所
丰盈，餍足
母亲以其所有
迎合我们的欢心

《夜幕下的螳螂》

作者：任炎尧

昆虫名称：螳螂

没有任何隐秘的行动
可以逃过清冷月光的注视
即便是披着假面的化装舞会
也要暗藏着刀锋
当他们开始
不可一世的危险舞蹈
夜晚洒下的薄暮
才会拥有意义本能

《换装》

作者：欧阳临安
昆虫名称：伳缘蝽

真实的自我
总是潜伏在空白之下
这是不可忤逆的规律
人类尚且喜爱面具
还把它归因于自然的
图腾
由此可知
原始的状态
即是一种不真实

《舍己救虫》

作者：任炎尧

昆虫名称：瓢虫

旅途的人
你到底漂泊了多久
有些事情
我已经来不及告诉你
请你再载我一程
找个歇脚的地方
我再给你讲一千零一个故事

《守望》

作者：任炎尧

昆虫名称：豆娘

期待着，期待着
那些可能发生的
以及不可能发生的事
期待着，期待着
那些将要到来的
以及不可能到来的事
期待着，期待着
今日如此
日日皆然

《镂雕》

作者：王江

昆虫名称：蚂蚁

不可理喻的
为何生灵如此悬殊
但我们是大力神的后代
即便那些身形巨大
也只是被掏空的躯壳
让它们成为我的处所
让我们再征服更多的世界

※蜗牛和蝎子、蜈蚣一样，不属于昆虫，因为昆虫的基本特征是体躯三段（头、胸、腹），2对翅膀与6只足。

《蜗牛的春天》

作者：任炎尧

虫体名称：蜗牛

在迟缓的寻觅中
与栖木的不期而遇
是颠沛的流浪者
终于发现了期望已久的邂逅
这也许是命运的久疏问候
但也换不回浪子的停留

《菱背螳》

作者：王钟淇

昆虫名称：螳螂

知觉的选择性
向您告知了我的身体
你猜
是谁将它雕刻成这样
我从未找到答案
不过我已不再关心
随他去吧
让我专心地欣赏自我

《自由》

作者：沈春明

昆虫名称：蜻蜓

清晨的视野良好
正适合飞向
没有目的的远处
碰见喜爱的我就停留
并不为了一种理由
即便蓬蒿之间
也是自由

《独处》

作者：阮刚石

昆虫名称：乌蜢（若虫）

很少有人
拥有自我取悦的能力
你说那是孤独
这也是有趣的孤独
呀，清晨的露水明明还在这里
她又去了哪里呢

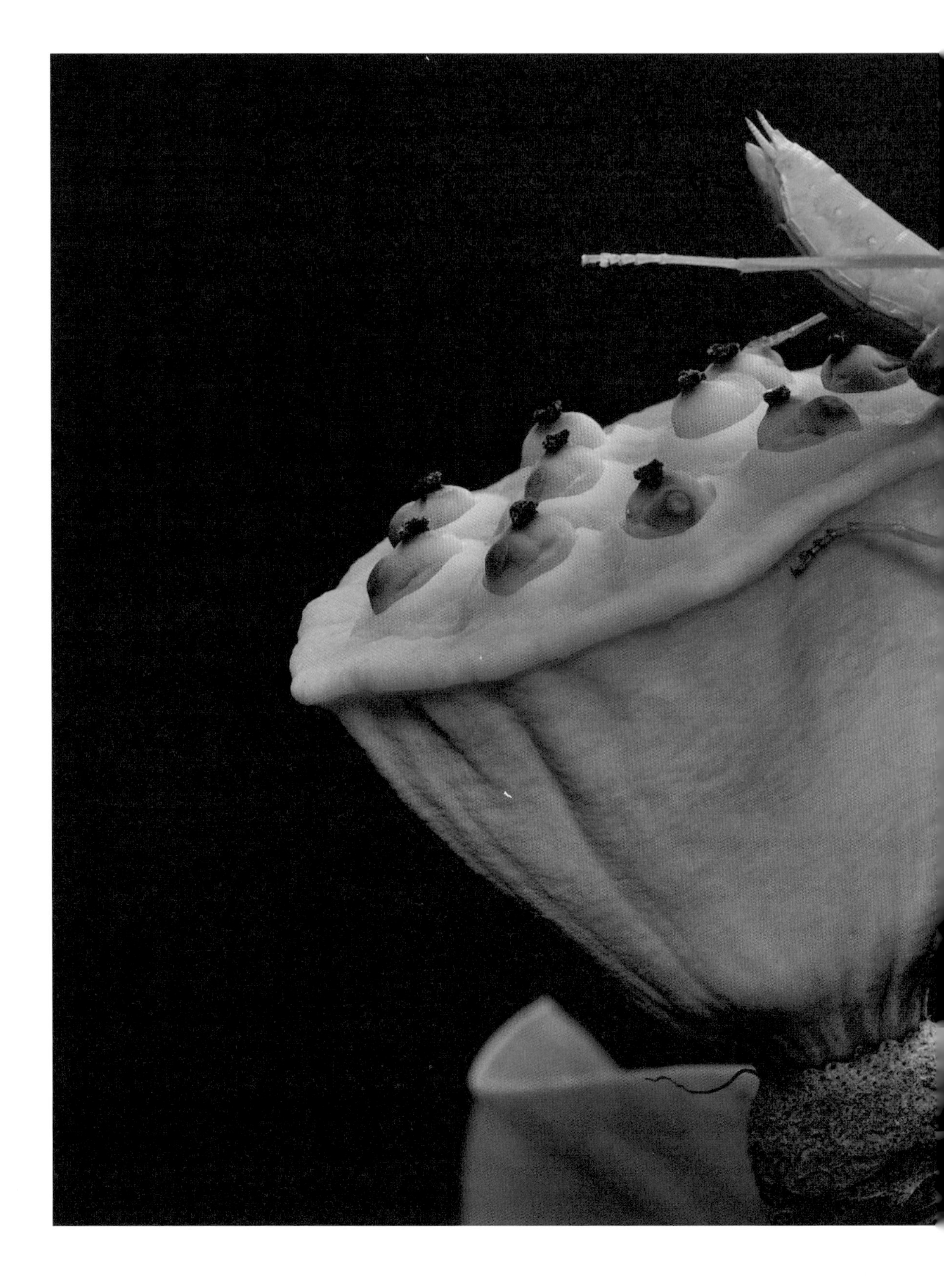

《荷塘漫步》

作者：任炎尧

昆虫名称：螳螂

有了翠绿的楼台
以此来发现远方的美好
可是光线却忽明忽暗
我的视线也随之跌落
在朦胧缭绕之中
会有幻象来顶替消逝
一场戏剧
直到神拉下幕布

《大眼睛》

作者：吴利群

虫体名称：跳蛛

这里有纷繁复杂的世界
要如何才能将它一览无余呢
于是上帝给了我很多眼睛
我该如何理解他的好意
你看
掠食者在靠近

※蜘蛛和蝎子、蜈蚣一样，不属于昆虫，因为昆虫的基本特征是体躯三段（头、胸、腹），2对翅膀与6只足。

《肖叶甲》

作者：俞肖剑

昆虫名称：肖叶甲

坠落
是一门难琢磨的功夫
在恰好的地点
放下防备
暴露各自的脆弱
这难道不是一门艺术吗
游走在危险边缘的
一场舞蹈

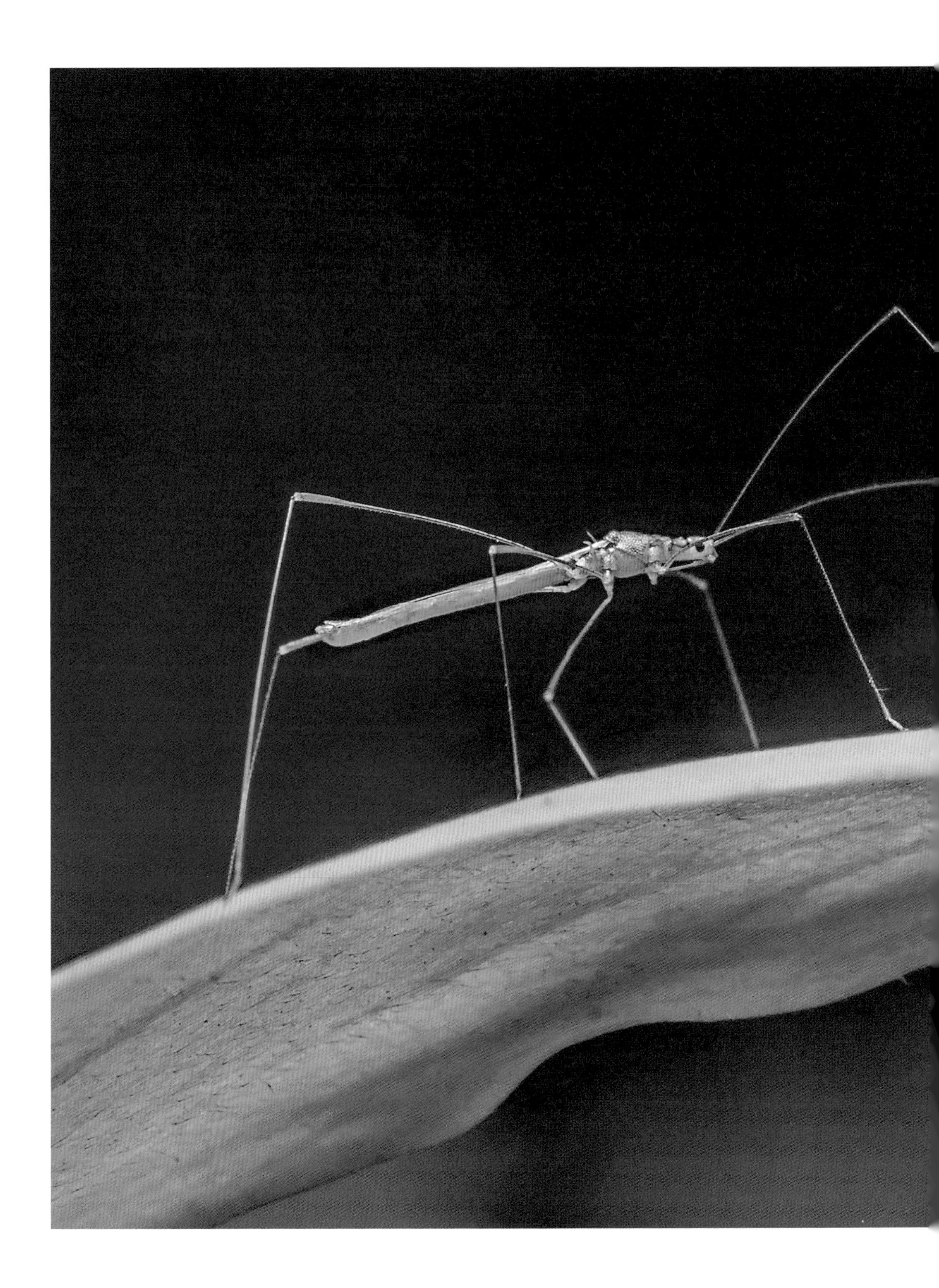

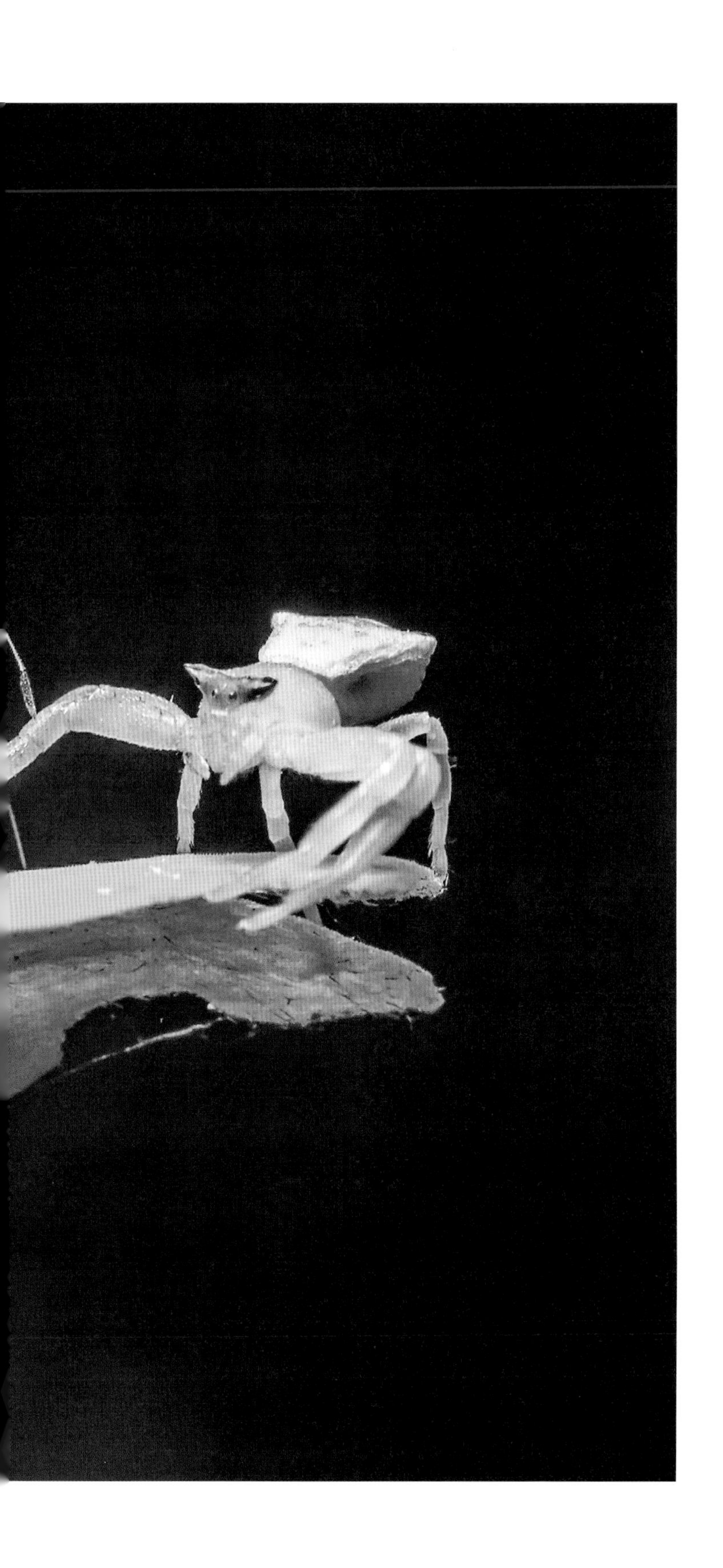

《狭路相逢》

作者：吴利群

虫体名称：蜘蛛

虫虫界的争斗
始于虚张声势
你看我如此巨大
这是我获胜的资本
外强中干又如何呢
这是导向胜利的谋略

※蜘蛛和蝎子、蜈蚣一样，不属于昆虫，因为昆虫的基本特征是体躯三段（头、胸、腹），2对翅膀与6只足。

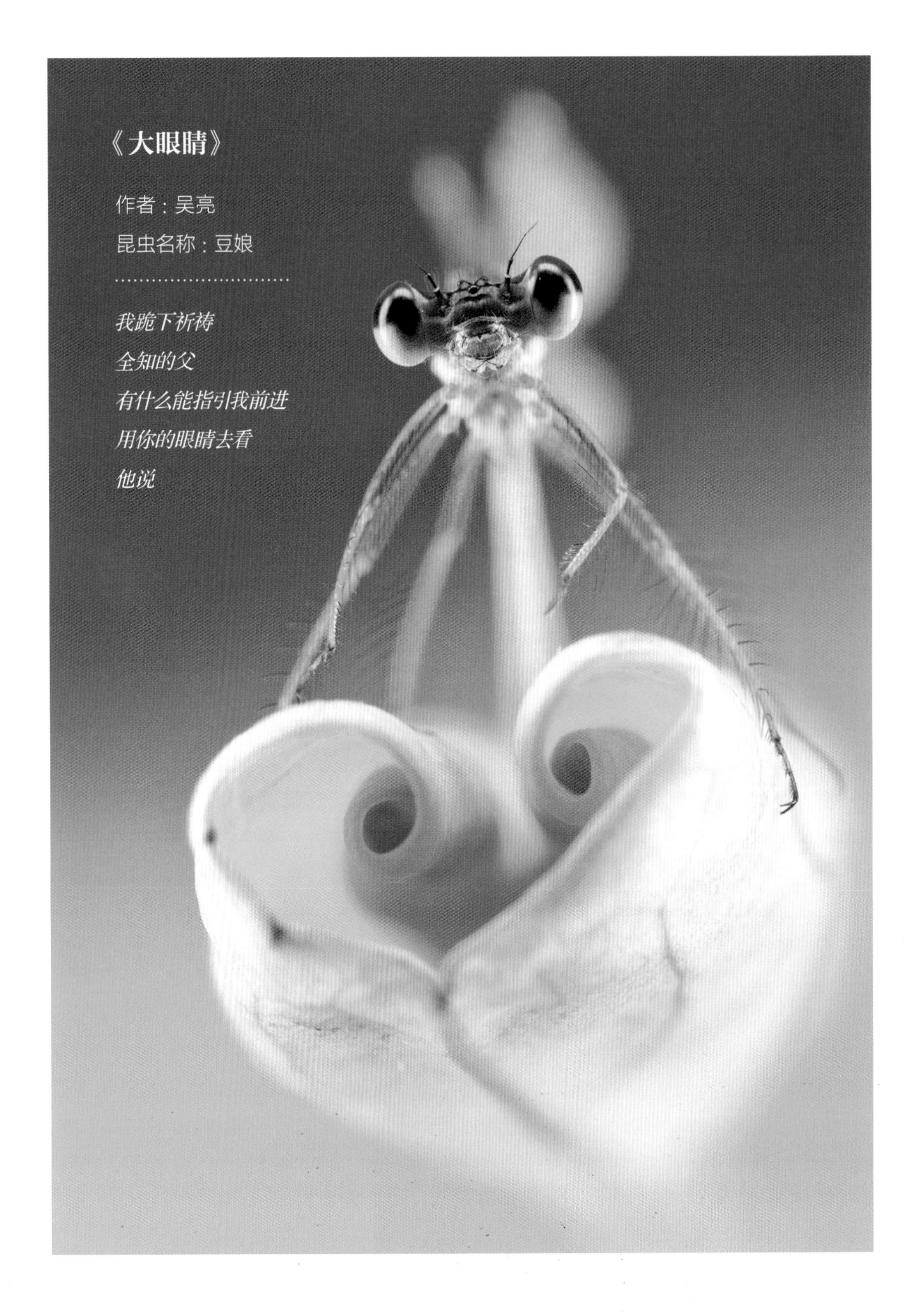
《大眼睛》
作者：吴亮
昆虫名称：豆娘
我跪下祈祷
全知的父
有什么能指引我前进
用你的眼睛去看
他说

《弱肉强食》

作者：郑志刚

昆虫名称：猎蝽

没有什么事物
比捕猎更有快感
藏起强而有力的肢体
静静地潜伏
等待那些粗心的
大意的
进入陷阱里
在危险的游戏里
丢失生命

《偷看》
作者：吴利群
昆虫名称：草螽
似乎有人打开了窗子
是你吗
我的朋友
无论如何
好奇心指引着我
这里会展现些什么
是你找我吗
我的朋友

《螳螂》

作者：俞肖剑

昆虫名称：螳螂

我把自己扔进了一张照片里
那是一个瞬间
我舒展着我的身体
任凭视线在附近穿梭
你看到这份骄傲了吗
下一秒
我将会飞跃
没有物质可以固定我

《寻找突破口》

作者：郑志刚

昆虫名称：苎麻珍蝶（幼虫）

路
是恍惚若现的
若没有踏实有力的列车
碾压出清晰的痕迹
我们怎会得知
起点与终点之间
需要经历什么

《秋》

作者：吴利群

昆虫名称：象甲

为何会有如此轻盈的身体
却如此坚固无常
它给了我横行霸道的资本
直到有股力量
能将我彻底掀翻
自然予我以优势
又这样重新征服了我

《等待时机》
作者：钟广平
昆虫名称：巨红蝽
缓慢地，又耐心地
老道的猎手
迟钝得如暮鼓与晨钟
到口的食物
比起自己去追寻
要香甜得多
你看那摇曳的生命
已经歌唱着墓志铭

《甲虫》

作者：郑志刚

昆虫名称：甲虫

冰冷的甲板
带着弧线的
比起垂直的更具威力
臃肿的甲壳
纵使移动缓慢
掠食者也不会有胃口
等待那些不痛不痒的刻痕
让它们离去吧
带着它们羸弱的钳子

《礼物》

作者：郑志刚

昆虫名称：猎蝽

我尊敬的
高贵的女士
谨以此
向您献上
未来生命的养料
允许我向您致敬
未来的母亲
去培养下一代的猎手

《指挥者》

作者：周反美

昆虫名称：豆娘

微风刚刚略过
送走了几个五和弦
那是我酝酿已久的灵感
没有什么能够阻止
它直接冲击着我的神经系统
起舞吧，朋友
节奏布鲁斯就要到来

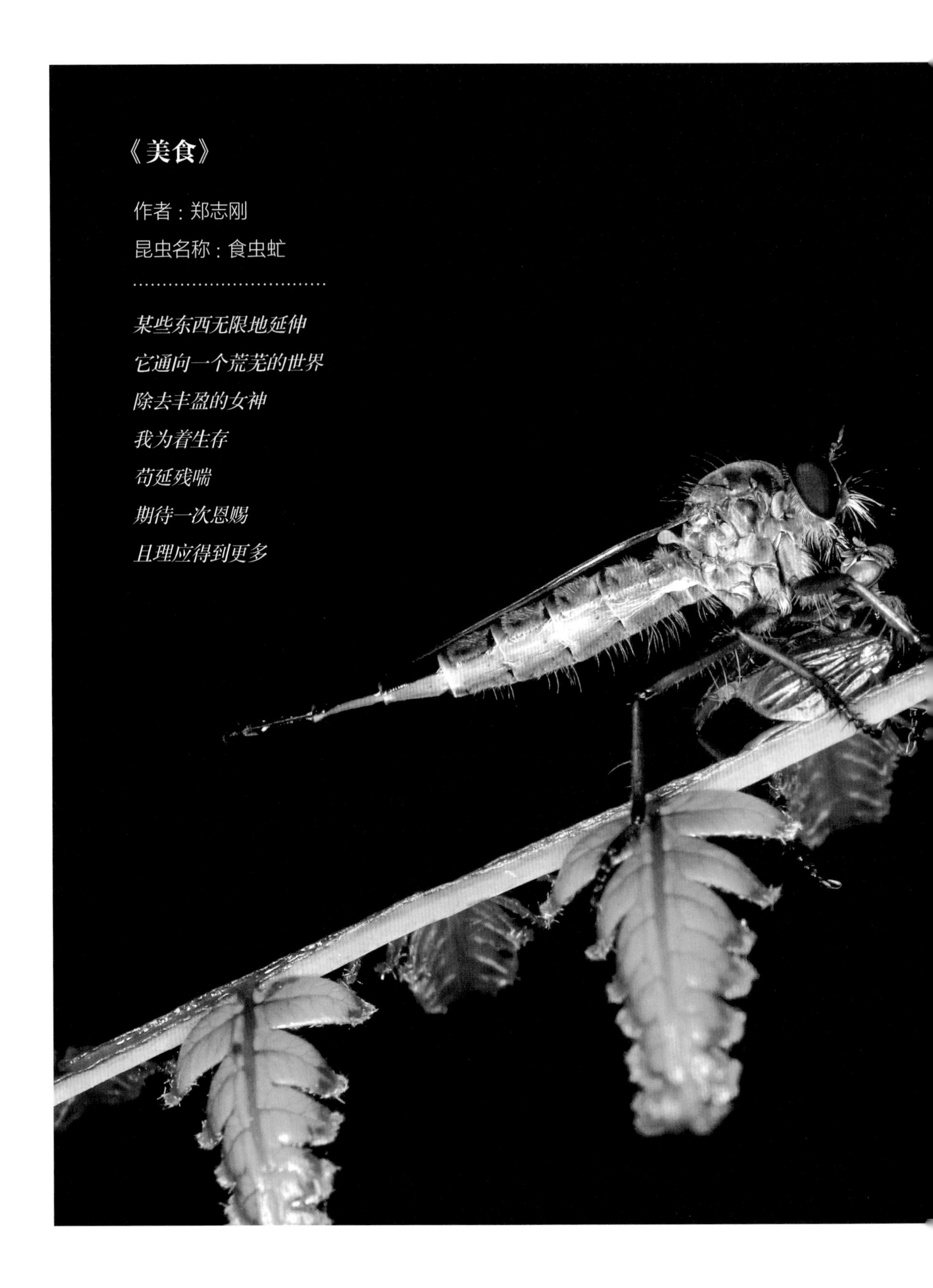

《美食》

作者：郑志刚

昆虫名称：食虫虻

某些东西无限地延伸
它通向一个荒芜的世界
除去丰盈的女神
我为着生存
苟延残喘
期待一次恩赐
且理应得到更多

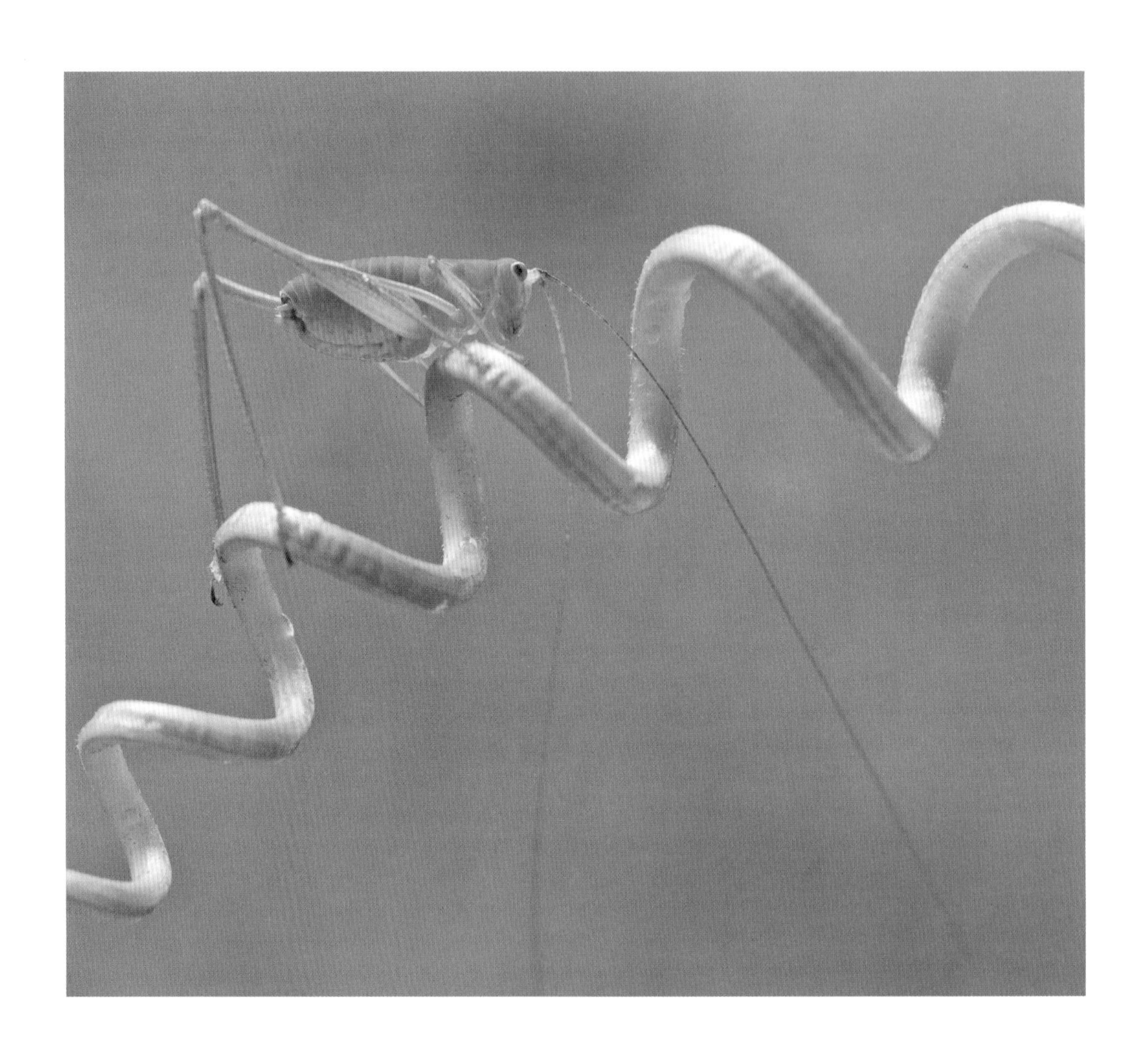

《探海》

作者：吴利群

昆虫名称：草螽

我向上攀登
把未知留在了后面
这是一场孤独的垂钓
等待一个答案
它会弃我而去
它会越来越远
我向上攀登
把未知留在了后面

《笑脸》

作者：郑志刚

昆虫名称：棉红蝽

所有遭遇
即是巧合
在某个时刻
迎合了一种知觉
那是另外一个物种
无意的联想

《呵护》

作者：郑志刚

昆虫名称：蝽象

在危险的世界里
希望是最容易破灭的
没有合适的依靠
生灵竟无法成年
同行不合乎效率
但是却合理

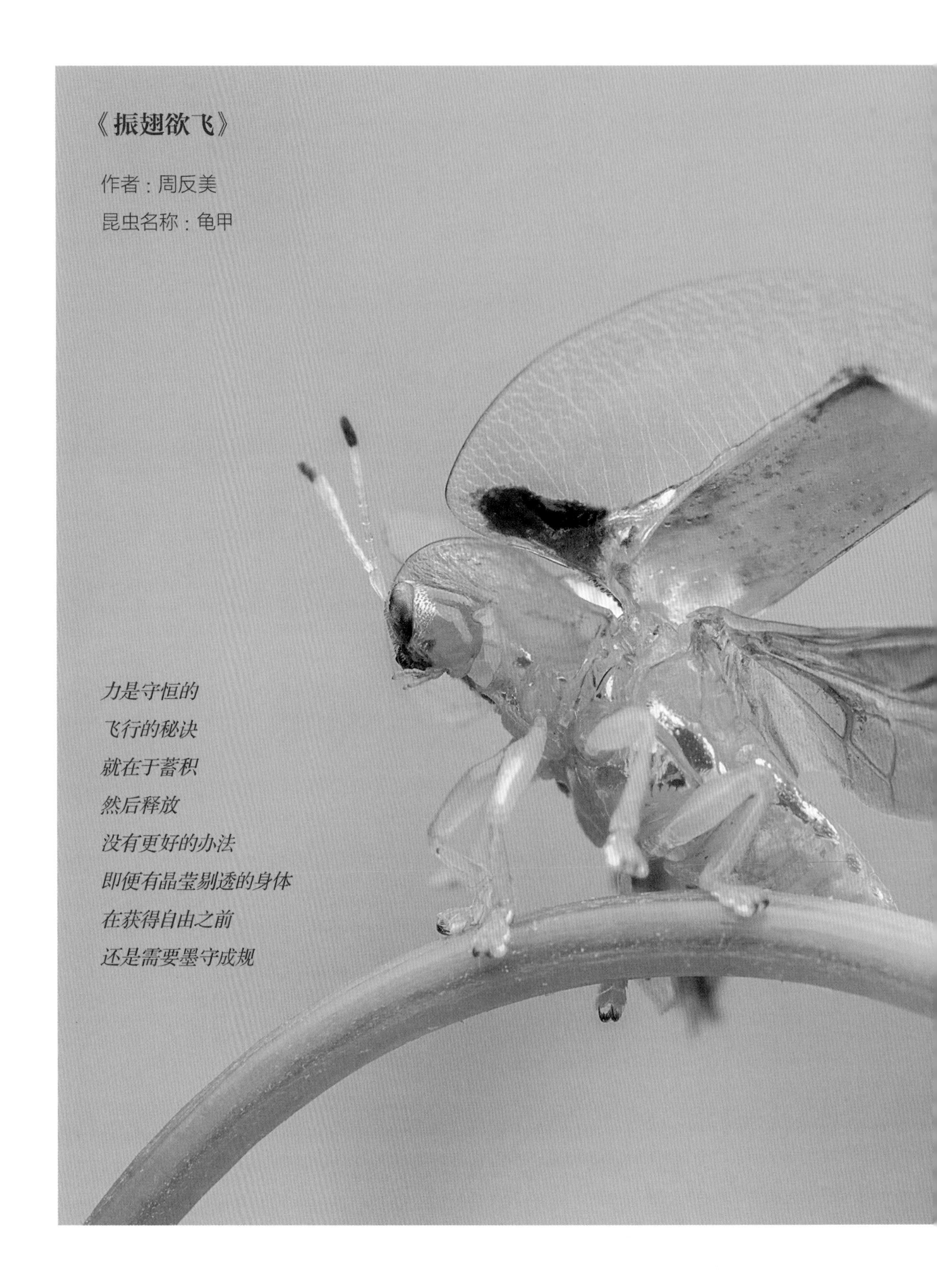

《振翅欲飞》

作者：周反美

昆虫名称：龟甲

力是守恒的
飞行的秘诀
就在于蓄积
然后释放
没有更好的办法
即便有晶莹剔透的身体
在获得自由之前
还是需要墨守成规

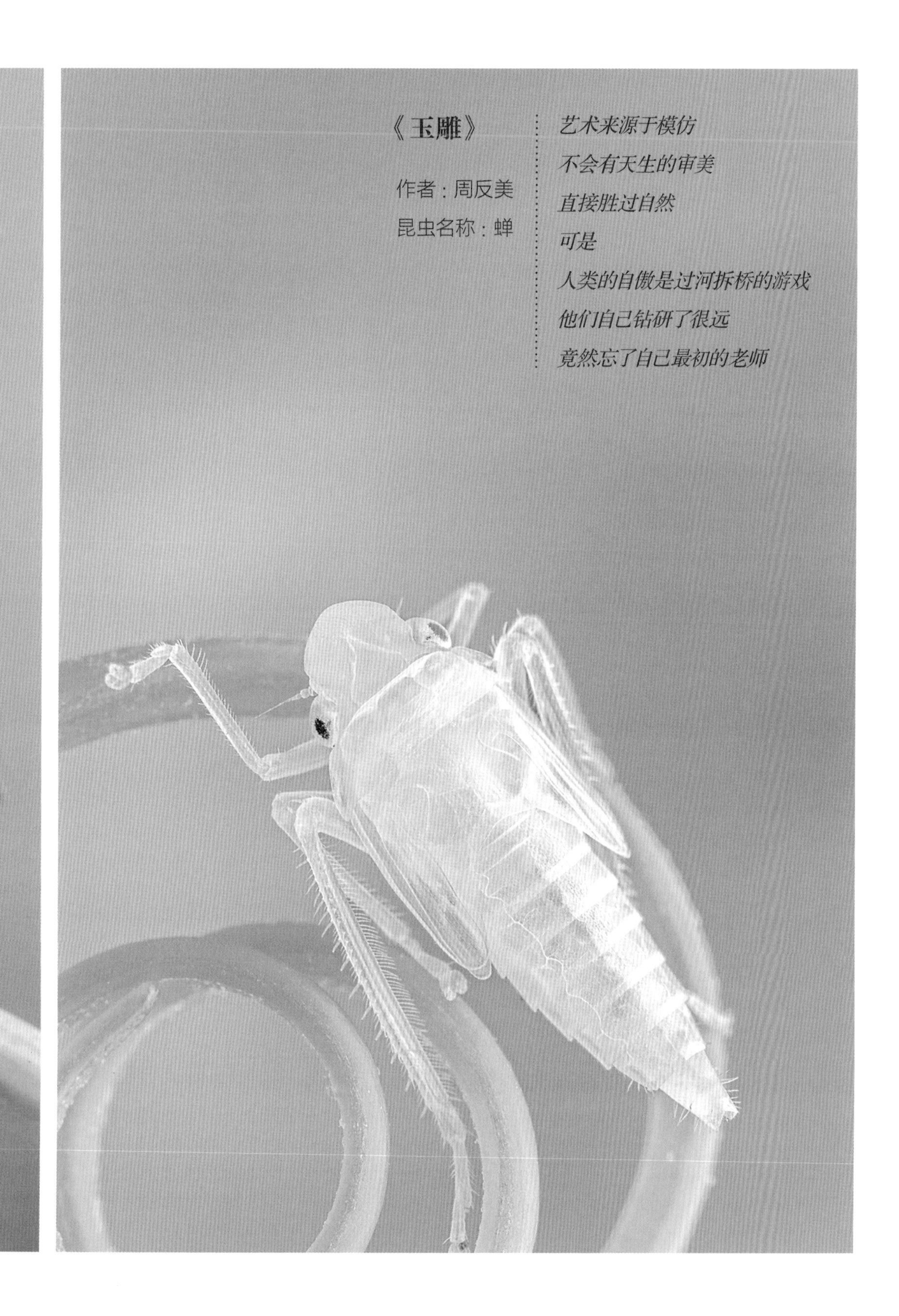

《玉雕》

作者：周反美

昆虫名称：蝉

艺术来源于模仿
不会有天生的审美
直接胜过自然
可是
人类的自傲是过河拆桥的游戏
他们自己钻研了很远
竟然忘了自己最初的老师

《挑战螺旋》

作者：郑志刚
昆虫名称：螽斯

知觉不可避免地
被杂糅进一处
这是我无法理解的方位
我既在这里，又在那里
找不准的原理
又一次诡谲地生效
一场可怕的迷途
然而，你可知我的乐趣
丧失了自我的乐趣